小食光
Snacks!
在地好味的零食點心

專業烘焙名師／林宥君◎著

懷舊經典×新奇潮味×解嘴饞小食，忍不住就想做來吃的好滋味！
送禮自用、網路接單都OK，78款絕讚實用的高人氣零食名物選

Preface

貼近心意、具文化深度的零食點心

　　從年輕踏入烘焙這條路開始，我就深深相信，甜點不只是味蕾的享受，更是一種文化的溝通與心意的傳遞。三十多年來，從一名基層烘焙技師，到走進學校、走上講台，我一路在烘焙世界裡學習、成長、教學，也見證了無數學生因為一顆糕點而擁有自信與夢想。

　　這本書《小食光！在地好味的零食點心》，有別於我以往出版的中式糕點或經典糖果專書，特別選擇以台灣小食與出國必買點心作為主題。台灣的小食，簡單卻帶著無可取代的親切滋味，總讓人想起童年街角的攤販與家中的點心櫃；而國外日韓的人氣點心，則是近年旅遊時最常被帶回的甜蜜伴手禮，許多朋友常問：「自己在家是不是也能做出一模一樣的口感？」於是，我決定把甜蜜的答案寫進這本書裡。

　　我始終認為，烘焙不必遙不可及，每個人都可以動手做、慢慢學，親手完成時，那份成就感與分享後看見的滿足笑容，就是烘焙最珍貴的意義。因此，這本書裡的每一款點心，我都盡量以最容易取得的食材、最貼近家庭操作的方式示範，讓每一位讀者，不論是初學者或老手，都能跟著步驟，一次次在廚房裡完成屬於自己的美味。

　　我相信，當你親手做出一款餅乾、一道日韓人氣糕點，家人朋友吃下的那一口，會記得的不只是味道，更是你用心製作的溫度。希望這本書能陪伴你，從品嚐開始到親手完成，再到把這份心意分享給更多人。

　　最後，也想用我常鼓勵學生的一句話，送給每位讀者：只要肯學、肯做、肯試，就沒有做不出來的點心，也沒有學不會的烘焙技藝。祝福大家都能在這份甜蜜裡，找到屬於自己的幸福與驕傲。

CONTENTS

作者序／
02 貼近心意、具文化深度的零食點心
08 本書使用說明
10 確幸的美好傳承，台味零食點心

開始製作前，要知道的細節
首先要準備這些！
12 基本的工具
14 基本的材料

在家輕鬆做的製作技巧
20 關於材料的使用
23 關於製作的技巧

美味不 NG 的包裝保存重點
26 這樣保存，不減美味
28 簡單包裝，送禮大方

除了心意和情感，別無添加

Love Snacks 1
歷久彌新
懷舊經典的新浪潮

肉乾、肉紙

30 傳統厚片肉乾
34 杏仁薄脆肉紙
37 韓式辣味肉乾
40 泰式檸檬肉乾
43 經典蜜汁肉乾
46 海苔脆片肉紙

台味小西點

50 經典肉鬆雪貝
50 芋泥肉鬆雪貝
54 基礎 自製芋泥餡、清爽奶油霜、自製麻糬餡
56 芋泥麻糬半月蛋糕
60 古早砂糖蛋糕捲
64 原味牛粒
67 可可牛粒
67 草莓牛粒
70 西摩利餅

 一口實心、
枕頭酥、
8 結蛋捲

 雪花酥、瑪琪酥

74　海苔肉鬆實心蛋捲
78　花生粒粒醬心蛋捲
81　金沙鹹蛋黃醇心蛋捲
84　海苔鳳凰肉鬆
84　海苔旗魚鬆枕頭酥
88　伯爵紅茶 8 結蛋捲
88　宇治抹茶 8 結蛋捲

100　起司雪花酥
102　蔓越莓雪花酥
104　蔓越莓金磚瑪琪酥

 千層酥餅

 脆餅、瓦片酥

108　抹茶千層酥餅
112　黑糖千層酥餅
114　鹹蛋黃千層酥餅

91　脆餅甜心捲
94　金沙鹹蛋黃瓦片酥（全蛋）
96　抹茶杏仁瓦片酥（全蛋）
98　巧克力杏仁瓦片酥（蛋白）

Love Snacks 2
新奇潮味
玩轉創意的新食趣

**團購爆款
夾心餅、點心**

118　巧克力麻糬餅
121　榛果巧克力夾心餅
124　小花朵夾心餅乾
128　酥粒沙布列餅
131　黑糖奶油夾心餅乾
134　三層厚夾心餅乾
138　黑巧克力夾心派
142　蜂蜜藥菓

**蛋糕、麵包、
可頌脆餅**

144　蜂蜜蛋糕脆餅
146　布朗尼蛋糕脆餅
148　可可肉桂貝果脆片
150　基礎　巧克力貝果、原味貝果
152　蜂蜜奶油貝果脆片
152　玉米濃湯風味貝果脆片
154　扁可頌

千層酥

158　基礎　千層麵團
160　杏仁千層酥
162　咖啡千層酥
164　焦糖千層酥

千層酥派

167　楓葉千層酥派
170　抹茶夾心千層酥派
170　草莓甜心千層酥派

酥心如意酥

174　抹茶相思如意酥
178　拿鐵酥心如意酥

Love Snacks 3
涮嘴對味
解嘴饞的鹹味小食

 爆脆海苔薄脆

 調味蘇打餅

- **183** 海苔夾心脆脆
- **184** 吻仔魚海苔夾心脆脆
- **185** 海苔穀物夾心脆脆
- **187** 芝麻原味韓式海苔脆片
- **188** 辣味韓式海苔脆片
- **189** 起司韓式海苔脆片

咔滋堅果脆
- **191** 鹹蛋黃堅果脆
- **193** 辣味起司堅果脆
- **194** 蒜香胡椒堅果脆

鹹香脆餅
- **195** 法固酥
- **198** 豆腐餅乾
- **201** 菜脯餅
- **204** 小耳朵餅

- **208** 鹽烤胡椒蘇打餅
- **211** 椒麻蘇打餅
- **214** 香辣起司餅
- **217** 海苔鹽迷你蘇打餅
- **220** 蔬菜鹹香脆餅

纖食穀物棒
- **222** 海苔風味穀物棒
- **224** 起司風味穀物棒

風味起司棒
- **227** 帕瑪森起司棒
- **228** 蔬活起司棒
- **229** 香脆海苔起司棒

米花磚
- **230** 肉鬆堅果米花磚
- **233** 芝麻堅果米花磚

HOW TO USE 本書使用說明

以最容易理解的方式表示,每種零食點心其多樣化的享用方式:零食、茶點、下酒、伴手禮。

零食點心的分類單元,可就喜好的種類,迅速找到喜愛的零食點心。

以圖標示用途

章節單元

數量、工具、保存

- **成品數量**,完成品的大約數量。
- **模型工具**,特別記載必備器具、模型。製作上使用的模型或工具。
- **保存期限**,最佳的保存、賞味期。保存期只是一個大致基準,會因為季節、環境等條件的不同而有差異,所以請注意製品的變化狀況,儘早食用完畢。

8

食譜操作的注意事項

- 若沒有特別標記,奶油使用無鹽奶油。
- 低筋、中筋麵粉或杏仁粉應先過篩再使用。
- 部分材料會在( )內載明可替換的食材。
- 模型須依據實際需要,預先塗抹上奶油或鋪上烘焙紙。
- 須依據烤箱的機型、材料的狀態,適當調整烘烤時間和溫度。
- 每次冷藏、冷凍都需要覆蓋上保鮮膜。

成品名稱&特色

點心的主要特色及相關說明。

材料配方

製作點心所需的材料,材料的寫法由上而下即為操作的順序。材料份量皆以g(公克)標示,若有補充事項會標記「＊」特別說明,或者附帶對照頁數記號(P.)。

美味手帖Plus

自家製的零食點心,怎麼搭配、怎麼吃才好?在一部分的食譜裡有介紹說明,增加手作的多樣性變化。補充食譜裡沒有描述完的重點,以及解說食材或技巧的小知識、美味變化等,滿足想瞭解更多的求知慾。

作法步驟解說

圖解製作過程,簡單易明瞭,可以邊看邊做。重點技巧POINT以及各個過程中需注意事項會利用<u>黃線標記</u>,或用BOX的方式簡單說明。

確幸的美好傳承，台味零食點心

來自兒時記憶的熟悉味道，不單只是小食，是時光的印記，是美好記憶的載體。牛粒、摩西利餅、小耳朵餅……每一段過往的「食」光的回憶，背後都有一段故事。經由懷舊的「食」光之旅，瞭解代代相傳的味道，解鎖台味點心的美味之謎，帶你細品其背後蘊藏的「蜜」密，喚起你對在地的味覺記憶，從美好的小「食」光中獲得療癒！

01 肉乾

肉乾的演變始於食材的保存。早期沒有冷凍的技術，人們利用醃漬乾燥的方式來保存肉類；也因為方便攜帶易保存，成為軍隊長征攜帶的補給乾糧。隨著演變，肉乾不僅是節日和儀式中不可缺少的食品，更是許多人喜愛的零食。

03 西摩利餅

媲美牛粒，都是傳統西點麵包店的明星商品。西摩利的名字據說源於日文音譯，而又因為酥鬆的餅乾兩端沾有巧克力的特殊外觀，也被稱為巧克力雙頭酥餅乾、雙巧酥。此外還有西伯利亞巧克力餅（Siberia Cookies）的說法。

02 小耳朵餅

好吃又有趣的古早味零食。由於外觀為雙色相間的螺旋造型，中間稍拱起，以及狀似耳朵的緣故，稱呼也特別多，除了小耳朵餅，還有錦花餅、螺仔餅、豬耳朵餅。至於口感因大小厚薄的不同也有差別，大耳朵餅厚而硬脆，麵粉香氣十足，小耳朵餅則較為酥脆。

04 方塊酥

在被冠上國宴點心的美名之前，方塊酥已是家喻戶曉的嘉義特色名產。提及方塊酥的美味來源，不管是源於眷村燒餅的技術，又或烙餅結合酥餅作法改良的說法，這個以四方之形揚名，以香酥脆多層口感飄香在地的好味，是不折不扣在地傳承的美味。

Taiwan Snacks

05 元寶蛋糕

以烤成圓狀或橢圓狀的蛋糕體，包裹內餡對折成小元寶狀，是早期極為風行的小西點。衍變至今，蛋糕裡的內餡更多元，除了奶油餡、芋泥餡外，還有結合麻糬、草莓等不同口感的變化。造型討喜，又有吉祥的寓意，不單是節慶的吉祥小點，也是歡聚場合的茶點。

06 古味砂糖蛋糕捲

樸實無華的古早味蛋糕捲，是許多人小時候的回憶。表層顆粒砂糖結合鬆軟的蛋糕體，看似平凡卻散發著獨特的香氣與風味；濃郁蛋香、綿密濕潤，加上清甜的砂糖口感，簡單卻讓人難以忘懷的美好滋味。

07 牛粒

在「台式馬卡龍」打響名號之前，老一輩的人稱它為小西點或福令甲。雖然外觀和馬卡龍看起來同樣都是夾心小圓餅，但鬆軟的圓餅夾層裡是甜甜的奶油香，吃起來的口感類似海綿蛋糕，與本體是蛋白杏仁餅的馬卡龍，口感風味截然不同。嚴格來說，牛粒不算土生土長的點心，而是源於法式手指餅乾延伸而來，口感跟蛋糕很相似。福令甲是從手指餅乾的音譯而來。又因早期是西點麵包店的主力商品，許多人就以小西點直接稱呼了。

Basic Tools | 基本的工具

在動手做前先認識一下會使用的器具，精確掌握每一種器具功用能省下不少時間和力氣。

01 電子溫度計／糖度計
煮糖漿、融化巧克力時要控制好溫度，防止溫度過高或煮焦。建議選用測溫範圍可至300℃的溫度計。

02 調理盆／鋼盆
在混合麵糊或攪拌餡料、打發鮮奶油時使用。有時會需使用到微波加熱，或隔水加熱，最好選用耐熱材質。

03 打蛋器
常用來打蛋、鮮奶油或攪拌材料等使用。使用時最好順著同方向來打，不要經常變換方向。

04 矽膠墊、烘焙紙
耐高溫、防沾黏，用以取代烘焙紙，能避免底部沾黏烤盤。用完後清洗晾乾，可重複使用。

05 篩網
粉類一定要過篩，防止結塊或顆粒不均。同性質的粉類可用大的篩網一起混合過篩；裝飾糖粉則使用小的篩網。

06 毛刷
在麵團表面塗刷蛋液、糖漿，或在烤盤內塗抹油以防止沾黏使用。用完後應清洗乾淨並晾乾。

07 電子秤
正確秤量材料非常重要，以使用1g為重單的電子秤較為方便。

08 刮板／切麵刀
具有彈力的塑膠材質，用於切割麵團，或輔助拌合揉製、刮乾淨沾黏的材料。

09 橡皮刮刀
用來混合、壓拌麵糊及刮下附著容器殘餘的麵糊。使用耐熱性佳的矽膠製產品就很方便。

10 攪拌機
攪拌打發蛋白、鮮奶油等，可大幅縮短打發時間，節省體力，讓製作點心更加輕鬆。

11 針車輪
打孔器，用於千層酥皮、派皮類的打洞，防止麵皮烤焙時因內部空氣膨脹。

12 滾輪刀
含直輪刀與波浪輪刀兩用的切割輪刀，能切割麵皮與花邊裝飾。

13 擀麵棍
擀壓、延展麵團時的必備用具。

14 擠花袋、花嘴
用於填充配料、麵糊，搭配平口或其他形狀花嘴，可擠出不同花紋。擠花袋使用拋棄式塑膠材質比較方便，不需要清理。

Basic Ingredients | 基本的材料

使用材料都是日常好取得及容易製作的份量，請掌握材料的特性選擇適合的材料使用吧。

糖類

01 細砂糖
純度高，帶有清爽的甜味。有粗粒、細粒的分別，使用細粒較容易融入麵糊中。

02 海藻糖
甜味溫和、保濕性高，可代替砂糖與其他甜味材料搭配。

03 糖粉
糖粉顆粒小，易融解，做好的製品組織緊密、口感酥鬆細緻，缺點是容易受潮。

04 黑糖
精煉程度較低含有豐富的礦物質，風味濃郁帶有糖蜜香氣，風味獨特適用於點心製作。

05 麥芽糖
製作糖漿的必用基底可使製品產生延展性。甜味比蔗糖低，有防止澱粉老化及保濕效果。

06 蜂蜜
與糖一樣可以增加甜度風味，還有讓糕點保持濕潤柔軟的效果。

蛋、油脂、乳製品

07 全蛋
使用前先放置室溫，讓雞蛋恢復常溫再使用。雞蛋若呈冰冷狀態，容易導致麵團中的奶油遇冷變硬，產生分離現象。

08 牛奶
常用來調整麵糊的軟硬度，像是取代水分添加麵糊中，烤好後的口感會更加柔軟，香氣也更加濃郁。

09 片狀奶油
折疊麵團的裹入油使用，可讓麵團容易伸展、整型，烘焙出的製品能維持蓬鬆的狀態。

10 煉乳
添加砂糖熬煮的濃縮牛奶，具濃醇奶香，可以為成品帶來濃郁奶香味。

11 奶油
一般的奶油為含鹽奶油，烘焙時基本上若無特別提及，原則上使用的是無鹽奶油。

12 鮮奶油
從牛奶中提煉出來，乳脂肪較高，具發泡性，攪打後會增加體積，形成穩定的乳白細沫。

麵粉、米粉類

13 麵粉
依蛋白質含量的多寡，分為高筋、中筋、低筋麵粉。餅乾、蛋糕的製作以低筋麵粉為主，有時會搭配中筋、高筋或杏仁粉呈現口感的變化。使用時必須過篩均勻。

14 糯米粉
糯米研磨製成的粉末，黏性高，常用於製作點心；也可以作為油炸的麵衣使用，經油炸後會有較酥脆的口感。

15 玉米粉
從玉米提煉出來的澱粉，沒有筋性，可用來調節麵粉的筋度，讓製品口感更鬆軟；此外還有增稠、麵衣等用途。

16 杏仁粉
杏仁果加工研磨成的粉末，用來增添濃郁香氣與口感層次。

17 太白粉
自製麻糬時，可用於取代玉米粉使用。

膨脹劑

18 乾性酵母
使用前先與水泡開使其恢復活性，再混合於麵粉中，比較好混合能利後續的麵團發酵。

19 小蘇打粉
學名碳酸氫鈉。常添加於糕餅中，具有膨大的效果，可中和其他酸性材料。

20 泡打粉
簡稱B.P.。由小蘇打粉加上不同的酸性鹽類組合成的膨脹劑，能幫助膨脹、上色。

肉│桂│粉
由肉桂樹皮經乾燥、研磨製成,氣味濃重且獨特,除了料理外,也常用於烘焙的製作,可提升香氣層次。

奶│粉
牛奶脫去水分後製成的粉末,能為點心製品增添濃郁風味。

起│司│粉
添加製品中可呈現起司濃郁的風味香氣。

可│可│粉
製作烘焙製品以不混合糖的純可可粉為佳;粉末類質地細容易受潮結塊,應過篩後使用。

咖│啡│粉
咖啡豆萃取研磨成,可增添製品風味。先溶解成液態,更容易混合麵團中。

抹│茶│粉
由綠茶經蒸青、研磨等工序製成,可用於增添色澤風味。

紅│麴│粉
由大米經紅麴菌接種發酵、研磨後製成。外觀呈紫紅色,可增添烘焙製品的色澤風味。

南│瓜│粉
南瓜熟製烘乾磨成粉,與其他風味材料相同,可增添製品的風味色澤。

香│草│醬
萃取自香草莢,呈濃稠狀,具有濃郁香氣,主要的功能為增加香氣及去除腥味。

肉│鬆
滋味豐富的肉鬆,常運用在傳統點心的內餡或外層沾裹。

海│苔│片
無論味的原味海苔,搭配不同食材可展現出獨特口感與風味。

海│苔│粉
海苔乾燥研磨製成,香氣鮮味十足,添加於製品能帶出豐富層次。

白芝麻／黑芝麻　　核桃　　生腰果

燕麥片　　米果　　糙米脆片碎

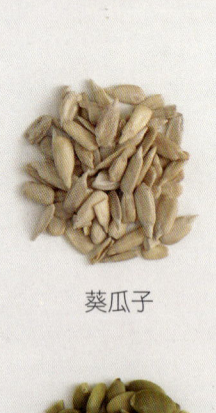

葵瓜子　　杏仁角／杏仁條　　杏仁片

南瓜子　　葡萄乾　　蔓越莓乾

白巧克力　　黑巧克力　　水滴巧克力

米 | 果

也稱米香粒,以高溫加熱的方式,使白米膨脹熱化製成。可直接食用,常使用於中西點心的製作。米果容易受潮,做點心時常會烘烤後放烤箱,藉由烤箱熱度保溫增加脆度,這樣一來在與其他材料拌合時較容易混合,但要留意,一旦溫度降低就會變硬不好塑型。

堅 | 果 | 類

黑白芝麻、杏仁片、杏仁角、腰果等堅果帶有獨特香氣,能增添香氣與口感,可等量替換,但需注意使用量。烘烤堅果的時間,依堅果大小加以調整,原則上烘烤到呈現金黃色的程度就好。烘烤過的堅果香氣更濃郁,烘烤堅果除了用烤箱,也可以用乾鍋以小火加熱的方式,拌炒直到有香氣出現出即可,以芝麻為例,翻炒加熱到芝麻呈現膨脹、微金黃的狀態即可,過度加熱容易因此烤焦,要特別留意。

穀 | 物 | 類

燕麥片、糙米脆片碎等可增加纖維和口感,是高纖零食常使用的食材。書中是以燕麥片搭配堅果、果乾等食材做成穀物棒,烘烤過的燕麥棒不僅香氣十足,吃進嘴裡又有嚼感。

果 | 乾 | 類

葡萄乾、蔓越莓乾等。果乾能為製品帶來不同層次的口感與味道。顆粒大的果乾可先切碎,切碎的果乾雖然不如顆粒大的口感來得有存在感,卻能帶出豐富風味;或經過酒漬、糖漬處理為製品增添香氣風味。

巧 | 克 | 力 | 類

有各種不同的風味除了苦甜、牛奶、白巧克力外,還有抹茶、草莓等加了獨風味的巧克力。居家使用上,以免調溫巧克力較方便使用不易失敗。較多是融化後使用,融化的溫度不能超過50℃,以免油脂分離。

在家輕鬆做的製作技巧

這裡將從食材的使用到製作點心時需要注意的事項說明，
動手做之前，請先從這裡開始掌握做點心的重點吧。

關於材料的使用

01 關於奶油

使用方式主要有三大類，一種是將奶油回復至室溫再使用，另一種則是直接使用冰的奶油，又或是融化成液態使用。

室溫軟化 vs 融化奶油

奶油放在室溫回溫，使其軟化至用手指按壓能輕易壓入；或用橡皮刮刀能輕易壓扁的程度。奶油沒有軟化，就不容易與其他材料混合。

讓奶油回溫「軟化」，但注意別讓奶油融化。如果奶油融化，乳化結構會被破壞而成液體狀，如此一來空氣會散失，烤出來的製品口感就不酥脆。

◎ 軟化 vs 融化的方法

- **室溫軟化**：奶油置於室溫 20～25 左右，長時間放置會造成奶油融化，要特別注意。
- **隔水融化**：奶油放入小容器，底部隔著裝有熱水的容器，隔水加熱使奶油融化成液態。
- **微波融化**：奶油放入耐熱容器，微波加熱融化。

02 關於蛋

一般而言，一顆帶殼的雞蛋重量約55g（蛋白30g、蛋黃20g、蛋殼5g），除非另有說明，否則書中配方使用的都是這樣大小的雞蛋。

打發蛋白

打蛋白時，最好從低速開始先打破結構再轉高速。這樣打出來的蛋白霜較細密而穩定，能夠讓麵糊在烘烤過程中均勻膨脹。不過，攪拌打發的時間不能過度，否則蛋白霜結構會過於密實，導致烘烤時無法膨脹。完成的蛋白霜無法保存，會有消泡或產生分離的現象，因此必須盡快烘烤，避免製作失敗。

03 關於粉類

粉類容易受潮結成塊狀，在製作點心時，粉類需事先過篩準備好。粉類過篩可去除結粒和雜質外，也能讓粉類因含有空氣而蓬鬆，在與其他材料混合時容易融合。當同時要加入多種不同的粉類時，可將它們混合一起過篩。粉類過篩時，可將粉類放入篩網，底部用攪拌鋼或烘焙紙張來盛接。

04 關於堅果

添加的堅果，若沒有特別的標明，使用的都是烤熟的堅果。堅果類的烘烤，一般是以上下火150℃，烘烤約10～15分鐘左右，不過不同的堅果以及份量多寡，烘烤所需的時間會有差異，應視實際的烤色判斷延長或縮短。烘烤途中需要翻動，避免烤焦。

關於製作的技巧

01 攪拌麵團

攪拌的方式是影響口感的重要因素之一。在奶油中加入蛋、牛奶等含水分的材料時，充分攪拌油脂與水分融合在一起，就能做出脆口質地。拌入麵粉混合時，盡量成鬆散狀後再聚集成團，用刮刀或刮板稍微施力將麵團壓在鋼盆上，藉由按壓混合的方式，攪拌至麵團變滑順，以這樣的方式攪拌麵團，可以防止餅乾破裂及變硬。水分較多的擠花餅乾、或不使用奶油的液態餅乾，會因為攪拌過度使口感變硬，因此只要攪拌到滑順、無粉粒就可以了。

→ 餅乾麵團攪拌混合至無粉粒就好，不能過度攪拌否則會出筋變硬。

02 冷藏鬆弛、冷凍定型

攪拌的麵團會因為麵粉中的麩質受到刺激而出筋，直接烘烤的話易有不平整、組織粗糙不穩定的情形。剛做好的麵團冷藏，能讓麵筋鬆弛，會較好整型，烤好後較不會塌陷變形。冷藏的時間約30～60分鐘即可。至於冷凍定型，主要在幫助麵團定型，像是麵團變軟難操作時，壓模塑型或麵團切片時，麵團最好是冷凍後再烘烤，變軟的麵團直接烘烤容易有坍塌、有變形的情形。

→ 麵糊、麵團在鬆弛時要蓋上塑膠袋或保鮮膜，避免表面變得乾燥影響發酵膨脹。

03 打發蛋白

打發蛋白的程度會影響口感，過度或不足都會使製品大受影響。打發過度的蛋白霜，氣泡粗糙，成品就不會綿密細緻；打得不夠，結構鬆散，成品不易成形，會有塌陷情形。打發蛋白時，要注意所有的器具必須乾淨（不殘留油脂、水分）之外，糖漿溫度要夠，而加入其他材料混合時，分成幾次並迅速的拌勻也是一大重點；一次加入，容易造成材料分布不均，影響成品的品質。

◎ 打發蛋白的程度

濕性發泡	乾性發泡

→ 7～8分發，有彈性、尖端呈彎曲狀態。	→ 9分發，有彈性、尖端呈硬挺狀態。

04 糖漿的溫度

糖加熱時，水分會逐漸蒸發、糖度會升高，糖的濃度與性質會產生變化，影響最終成品的口感。不同種類的製品所需的糖漿溫度也不同，因此，必須了解糖漿溫度的變化。準確掌握糖漿的溫度，才能控制好完美的濃稠度與硬度。一般使用糖果溫度計準確測量數值之外，也可以透過冷水測試法：把糖漿滴入冷水中，依據質地來判斷，若能凝結能揉成軟球狀，即表示糖漿的溫度已達到階段。

◎ 冰水測試法

取少許的糖漿滴入冷水中：

→ 會凝結，可揉成柔軟的球狀，溫度達到。

→ 糖漿太軟，無法成形，溫度還沒達到。

05 油炸的溫度

要做出香酥脆口的油炸點心關鍵就在油溫。依據食材和料理的不同，油炸的溫度也不同，油炸時應控制好溫度，才能控制好酥脆度。溫度的控制，最簡便的方法就是使用料理專用溫度計，沒有的話，也可以利用筷子插入油鍋中央，依據冒泡的狀態來判斷油溫。

◎ 油溫測試法

用筷子插入油鍋中：

- **低油溫 120～150°C** 竹筷周圍慢慢冒出小氣泡。

- **中油溫 150～170°C** 竹筷周圍不斷冒出氣泡。

- **高油溫 170～210°C** 竹筷周圍猛烈冒出大量氣泡。

06 排盤留間隔距離

將麵糊或麵團放入烤盤時必須留間隔距離，讓麵團有膨脹的空間，否則受熱膨脹後就會有沾黏一起的情形。不論是何種點心，塑好成型的厚薄、形狀大小要一致，這樣烘烤好的成品才會完整美觀。

→ 麵團間要留間隔距離，以免受熱後膨脹沾黏。

07 隔水加熱融化

為避免加熱過度，可使用隔水加熱的方式。隔水加熱就是將放入材料（如巧克力、奶油）的容器底部泡在裝熱水的鋼盆中，間接加熱材料使其融化；這種利用水控制溫度的加熱融化方式，適合巧克力等融點低的食材。

→ 巧克力不耐高溫，用隔水加熱的方式融化，融化的溫度需在50℃以下。

08 絞肉攪拌至有黏性

絞肉順著同方向攪拌、摔打到出筋，肌肉組織裡的蛋白質會結合產生黏性，此時絞肉會變得黏稠、不會散開。若將攪拌好的絞肉，放冰箱冷藏，讓裡頭的油脂冷卻凝固的話，黏性會更好，更容易塑。

→ 將絞肉順著同方向攪拌至有黏性。

09 烤箱事先預熱

烤箱務必預熱到指定的烘焙溫度，再放進烤箱烘烤。不同機種的烤箱，受熱方式或烤好的時間會有差異。

建議先依照書中的說明試著掌握自家烤箱的溫度變化，如果未出現烤色，就實際情況再追加烘烤的時間或調高溫度。若有烘烤不均的情形，可視狀況在烘烤過程中，調換烤盤的前後方向。

→ 烤箱預熱至所需的溫度。

25

美味不NG的
包裝保存重點！

無添加的自製零食點心，不只吃得到剛出爐的美味，更是讓人吃得美味又安心。
而由於是無添加保存期限相對短，怎麼做才能延長賞味期限？
這裡就幾個重點，教你這樣保存不減美味。

這樣保存，不減美味

密封乾燥、避免潮濕和陽光照射，是保存點心口感的不二法門。乾燥密封包裝外，部分夾餡的製品還是要及時的冷藏保存，才能維持品質美味。

01 肉乾類

密封＋冷藏保存

無添加物的肉乾、肉紙等肉乾類的零食保存時間短。做好的肉乾製品如同其他零食一樣要密封並冷藏保存，以免變質腐敗。肉乾類可利用真空包裝，保存方便，也能有效鎖住肉乾的原汁原味。

02 餅乾類

常溫類 密封＋常溫保存
夾餡類 密封＋冷藏保存

餅乾相較於其他點心耐保存，做好防潮是重點。一般餅乾，在密封乾燥狀態下，放在陰涼處常溫保存一周沒問題，但若是含有甘納許、奶油霜的夾餡餅乾，就要冷藏保存。無論哪種餅乾，一旦受潮就會影響口感，因此烤好的餅乾放涼後可連同乾燥劑一起放到保鮮袋或密封容器中，這樣可以避免受潮，更能維持口感。

◎ 冷卻後密封保存

剛出爐的餅乾內部還有熱氣，放烤盤或冷卻架上冷卻後再密封保存。否則殘留餅乾內的熱氣會產生冷凝，水分會存留在容器中，會使餅乾變質。

◎ 分層存放餅乾

為了避免餅乾摩擦、沾黏一起的狀況，保存餅乾時可利用烘焙紙或蠟紙，將餅乾分層隔開放置能避免碰碎，也能有效節省空間。

03 糕點類的保存

常溫類 密封＋常溫保存
夾餡類 密封＋冷藏保存

一般常溫蛋糕在餘熱散去後，用保鮮膜包好放在室溫中保存即可。夾有餡料的蛋糕，因含有大量像是奶、蛋、鮮奶油等不耐放的成分，一定要冷藏才能確保食用無虞。不管常溫或冷藏，都應用保鮮膜包覆或放保鮮袋、保鮮盒密封保存，並在2～3天內食用完畢。

04 海苔類的保存

密封＋常溫保存

海苔最怕的就是受潮，一旦吸收了濕氣，口感就會變差。做好後就要及時密封並盡快吃完。如果無法立即吃完，務必用夾鏈袋密封，以保持鮮脆口感。

05 堅果類

密封＋常溫保存／冷藏保存

堅果類長期放置下會因氧化而走味，特別是在高溫環境下，容易產生油耗味、口感變差。因此必須用密封容器保存，存放在陰涼乾燥的地方。一旦發現堅果有油耗味、異味、變軟或脆度變差的現象，就代表不新鮮或變質了，不宜食用。

簡單包裝，送禮大方

零食點心一般剛出爐的滋味最好吃（當然也有例外的，食譜中都會說明），風味隨著時間會逐漸的流失，因此冷卻後要放進密封容器保存，這麼做可以維持口感，如果放入乾燥劑一起保存，保存效果會更好。由於好存放、保存期限也比較寬鬆，簡單包裝當作伴手禮也很適合。

01 密封盒裝，保鮮耐放

基本上多數的零食點心放在密封的保鮮盒，室溫保存即可；但如果是外層有沾裹巧克力，或是有夾層帶餡的最好密封冷藏保存。密封可防止水分迅速流失口感變乾燥外，冷藏時也能避免沾附上冷藏室的其他氣味。

密封保存

一次做太多或無法立即吃完的點心，應裝入密閉的容器（保鮮夾鏈袋、保鮮盒、帶蓋玻璃容器等）保存，避免長時間與空氣接觸，影響風味口感。

02 分袋包裝，隨享方便

盒裝密封保存外，將點心分裝放入密封袋中，同樣也能隔絕空氣和潮濕。分袋密封包裝的好處是，想吃再拆，不怕受潮。而且小包裝輕巧，隨身攜帶很方便，隨時隨地都好享用。如果想把自製的點心當作伴手禮送人，簡單裝盒完成，就是最棒的禮物了。

封口保存

在包裝袋中放入乾燥劑，能讓點心的美味得以延長。不過要注意，餅乾一定要完全放涼再密封。

◎ **手掌型「封口機」作法**

準備封口機、適合大小的包裝袋。將點心裝入包裝袋內，夾住包裝袋的開口處。壓住移動到底密合，封口即成。

Love Snacks 1

歷久彌新
懷舊經典的新浪潮

傳統的滋味，有讓人心底惦記的魔力，
樸實卻耐人尋味，讓人想一吃再吃。
融合地方文化特色和手藝，展現台味的新詮釋，
以觸動記憶的熟悉好味，打造台味新浪潮！

Pork Jerky

零食
茶點
下酒
伴手禮

傳統厚片肉乾

★★★★

使用肥瘦比例剛好的豬絞肉,經調味醃製、烘烤製成;
保留肉質原始風味與口感,香嫩濕潤有彈性,無添加、好吃無負擔,
適合家庭手工自製的美味肉乾。

成品數量
6〜8片

模型工具
網狀烤盤

保存期限
冷藏5天

材料 Ingredients

豬絞肉(豬腿肉或梅花豬肉)…400g

A
- 醬油…25g
- 醬油膏…15g
- 細砂糖…30g
- 米酒…15g
- 蜂蜜…15g
- 白胡椒粉…2g
- 五香粉…3g
- 蒜泥…5g

表面用 蜂蜜水(1:1)

蜂蜜…100g
冷開水…100g

Love Snacks 1 歷久彌新,懷舊經典的新浪潮

美味手帖 Plus

此配方的肉乾以豬絞肉為主材料,盡量選用豬腿肉或梅花肉部位,以3:7的肥瘦比例,口感較好,不會顯得乾柴或過於油膩。醃漬使用的醬油膏、蜂蜜除了調味,還有幫助增色提味的效果。

作法 How to Make

● 蜂蜜水
01 將所有材料混合拌勻（幫助增色提味）。

● 調味拌勻
02 所有材料Ⓐ放入容器裡。

03 用橡皮刮刀攪拌均勻。

● 攪拌至有黏性
04 豬絞肉加入拌勻的材料Ⓐ。

05 順著同方向攪拌均勻，至絞肉變得有黏稠性（<mark>肉乾成功關鍵</mark>）。

POINT
若想讓肉品顏色更好看，可添加紅麴粉來增進色澤。絞肉攪拌好醃製一晚會更入味。

● 鋪放肉漿
06 工作檯面上鋪放上烘焙紙，放上作法❺。

● 壓平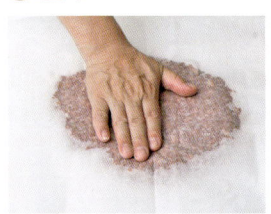
07 表面覆蓋上烘焙紙，用手先按壓均勻。

08 再用擀麵棍攤展擀開使其厚度一致。

● 塑型 
09 用刮板平整四邊。

10 整型成厚度0.5～0.7cm的長片狀。

● 初步烘烤定型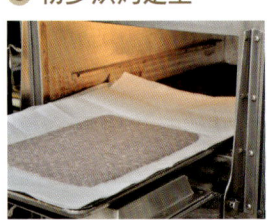
11 以上下火160℃，烘烤約15分鐘。

● 拭乾水分　　● 塗刷蜜汁　　● 壓蓋烤網

12 烤至水分與油脂釋出（此階段以低溫烘烤，讓肉片初步定型）。

13 烘烤過程中，用廚房紙巾拭乾釋出的肉汁油脂。

14 將肉片表面塗刷蜂蜜水。

15 覆蓋上烘焙紙、壓蓋網狀烤盤再烘烤。

● 翻面回烤

 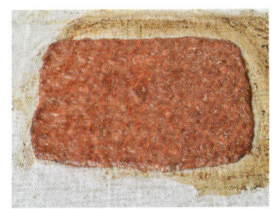  

16 將肉片翻面塗刷蜂蜜水。

17 以上下火160℃，烘烤約10分鐘。

18 將肉片兩面塗刷蜂蜜水。

19 繼續烤至肉片表面緊實。

● 切長條　　● 上色蜜烤　　● 乾燥風乾

20 待冷卻，切除四邊裁切成長條狀。

21 將肉片兩面塗刷蜂蜜水，以上下火180℃，烘烤5～8分鐘至上色、微乾即可。

22 若有食物乾燥機，可將肉片呈間距排放網狀烤盤上，塗刷蜂蜜水。

23 再用乾燥機風乾。

Love Snacks 1　歷久彌新，懷舊經典的新浪潮

33

杏仁薄脆肉紙

★★★★

薄如紙張的厚度裡,完美融合肉香與杏仁的絕妙風味,
呈現出不同於傳統肉乾,薄香爽脆的豬肉紙,不油不膩,
讓人忍不住一口接一口。

材料 Ingredients

成品數量
約1盤量

模型工具
網狀烤盤

保存期限
冷藏5天

豬絞肉(豬瘦肉為主)⋯200g

A
| 醬油⋯20g
| 醬油膏⋯15g
| 細砂糖⋯20g
| 米酒⋯15g
| 蜂蜜⋯15g
| 白胡椒粉⋯3g
| 蒜泥⋯5g

B
| 白芝麻⋯10g
| 杏仁角⋯15g

作法 How to Make

● **烤熟堅果**

01 白芝麻、杏仁角以150℃烤約3~5分鐘後使用。

● **調味拌勻**

02 所有材料Ⓐ混合拌勻。

● **攪拌至有黏性**

03 豬絞肉加入材料Ⓐ及材料Ⓑ順著同方向攪拌均勻。

04 攪拌至絞肉變得有黏稠性(肉乾成功關鍵)。

Love Snacks 1 — 歷久彌新,懷舊經典的新浪潮

● 鋪放肉漿	● 壓平		● 抹成薄片

05 工作檯面上鋪放上烘焙紙，放上作法❹。	**06** 表面覆蓋上烘焙紙（或覆蓋上保鮮膜），用手先按壓均勻。	**07** 用擀麵棍擀開使厚度一致。	**08** 用刮板平整成薄薄的一層。

	● 初步烘烤定型		● 翻面回烤

09 厚度約0.1～0.2cm的長片狀。	**10** 以上下火130℃，烘烤約20～25分鐘至水分與油脂釋出。	**11** 用廚房紙巾拭乾釋出的肉汁油脂（此階段以低溫烘烤，讓肉片初步定型）。	**12** 將肉片翻面塗刷調味汁，繼續以上下火150℃，烘烤約10分鐘至乾燥緊實有脆度。

● 剪片狀	● 上色脆化	● 乾燥風乾	

13 待冷卻，用剪刀剪成方片狀。	**14** 以上下火180℃，烘烤5分鐘至上色定型（視實際狀況調整時間）。	**15** 若有食物乾燥機，可將肉片呈間距排放網狀烤盤上，塗刷蜂蜜水。	**16** 用乾燥機風乾（烤好的肉紙，隨著溫度的降低口感也會變得酥脆，冷卻後務必要密封裝盒，隔絕外部濕氣，以保持香脆口感）。

Pork Jerky

零食

茶點

下酒

伴手禮

Pork Jerky 韓式辣味肉乾

韓式辣味肉乾

★ ★ ★ ★

使用豬絞肉配上特調的韓式風味醬汁醃製，
採用階段烘烤，讓醬汁精華鎖在肉乾裡，肉質鮮嫩，口感濕潤有彈性，
吃得到辣香與肉香，讓人欲罷不能。

材料 Ingredients

成品數量
約18片

模型工具
網狀烤盤

保存期限
冷藏5天

豬絞肉（肥瘦肉3：7）⋯400g

A
- 韓式辣醬⋯30g
- 醬油⋯20g
- 細砂糖⋯20g
- 米酒⋯15g
- 蜂蜜⋯15g
- 白胡椒粉⋯3g
- 蒜泥⋯5g
- 香油⋯8g
- 辣椒粉、辣椒片⋯5g

表面用 韓式風味醬汁（1：1：1）
韓式辣醬（Gochujang）⋯100g
蜂蜜⋯100g
冷開水⋯100g

豬絞肉以3：7的肥瘦比例口感較好，不會乾柴或過於油膩。風味上除了用韓式辣醬為基底，還用辣椒粉、辣味片增加辣味的厚實度與香氣，蒜泥則能豐足香氣風味。

作法 How to Make

● 韓式風味醬汁
01 將所有材料混合拌勻。

● 調味拌勻
02 所有材料Ⓐ混合攪拌均勻。

● 攪拌至有黏性
03 將豬絞肉加入材料Ⓐ。

04 順著同方向攪拌均勻。

- **鋪放肉漿**
- **壓平**
- **塑型**

05 攪拌至絞肉變得有黏稠性（<u>肉乾成功關鍵</u>）。

06 工作檯面上鋪放上烘焙紙，放上作法❺。

07 表面覆蓋上烘焙紙，用手先按壓均勻，再用擀麵棍擀開使厚度一致。

08 用刮板平整四邊，再整型成厚度約0.7cm的長片狀。

- **初步烘烤定型**
- **塗刷蜜汁**
- **壓蓋烤網**
- **翻面回烤**

09 以上下火160℃，烘烤約15分鐘至水分與油脂釋出，用廚房紙巾拭乾釋出的肉汁油脂。

10 烘烤過程中，取出肉片塗刷韓式風味醬汁。

11 覆蓋上烘焙紙、壓蓋網狀烤盤，再烘烤。

12 將肉片翻面，繼續以上下火160℃，烘烤約10分鐘至肉片兩面緊實上色。

- **切長條**
- **上色蜜烤**
- **乾燥風乾**

13 將肉片兩面均勻塗刷韓式風味醬汁，繼續烘烤至乾燥緊實有脆度。

14 待冷卻，切除四邊，裁切成長條狀。

15 將肉片兩面塗刷韓式風味醬汁，以上下火180℃，烘烤5～8分鐘增加香氣與亮澤。

16 若有食物乾燥機，可將肉片呈間距排放網狀烤盤上，塗刷韓式風味醬汁，用乾燥機風乾。

Pork Jerky

零食

茶點

下酒

伴手禮

泰式檸檬肉乾

★★★★

以泰式辛香的調味醃製，經兩段式烘烤上色定型，
口感軟嫩鮮美，酸香帶勁，細細咀嚼能感受到檸檬的清香，以及微辣的口感。

材料 Ingredients

成品數量
約20片

模型工具
網狀烤盤

保存期限
冷藏5天

豬絞肉（肥瘦肉3：7）…400g

A
- 魚露…20g
- 醬油…12g
- 細砂糖（或棕櫚糖）…25g
- 檸檬汁…30g
- 檸檬皮屑…3g
- 米酒…15g
- 蜂蜜…15g
- 白胡椒粉…3g
- 蒜泥…5g
- 辣椒粉、朝天椒碎…5g
- 香茅粉、南薑粉…3g

表面用 泰式風味醬汁（1：1）

蜂蜜…100g
現榨檸檬汁…100g

> 絞肉比例以肥瘦3：7為佳，或以此作為基準值，試著找出自己喜好的口感比例。在泰式酸辣的靈魂基底香中，以魚露搭配醬油，並以現榨檸檬汁、檸檬皮屑來調配。

Love Snacks 1　歷久彌新，懷舊經典的新浪潮

作法 How to Make

● 泰式風味醬汁

01 將所有材料混合拌勻。

● 調味拌勻

02 將所有材料Ⓐ用橡皮刮刀攪拌均勻。

03 將豬絞肉加入材料Ⓐ順著同方向攪拌均勻。

04 攪拌至絞肉變得有黏稠性（肉乾成功關鍵）。

- 鋪放肉漿

05 工作檯面上鋪放上烘焙紙，放上作法❹。

- 壓平

06 表面覆蓋上烘焙紙，用手先按壓均勻。

07 再用擀麵棍擀開使厚度一致。

- 塑型

08 用刮板平整四邊，整型成厚度約0.5～0.7cm的長片狀。

- 初步烘烤定型

09 以上下火160℃，烘烤約15分鐘至水分與油脂釋出（此階段以低溫烘烤，讓肉片初步定型）。

- 拭乾水分

10 烘烤過程中，用廚房紙巾拭乾釋出的肉汁油脂。

- 塗刷蜜汁

11 將肉片塗刷泰式風味醬汁。

- 壓蓋烤網

12 覆蓋上烘焙紙、壓蓋網狀烤盤，再烘烤。

- 翻面回烤

13 將肉片翻面，繼續以上下火160℃，烘烤約10～12分鐘至肉片兩面緊實上色。

- 切長條

14 待冷卻，切除四邊裁切成長條狀。

- 上色蜜烤

15 將肉片兩面塗刷泰式風味醬汁，以上下火180℃，烘烤5～8分鐘增加香氣與亮澤。

- 乾燥風乾

16 若有食物乾燥機，可將肉片呈間距排放網狀烤盤上，塗刷蜂蜜水，用乾燥機風乾。

Pork Jerky

零食

茶點

下酒

伴手禮

Pork Jerky 經典蜜汁肉乾

經典蜜汁肉乾

★★★★

肥瘦適中的比例，用傳統調味醃製，讓香料的香氣和微辣風味充分滲入，
再以兩階段的烘烤。鮮甜中帶有微微辣度，讓人回味無窮。

材料 Ingredients

成品數量
約20片

模型工具
網狀烤盤

保存期限
冷藏5天

豬絞肉（肥瘦肉3：7）…400g

A:
- 醬油…25g
- 醬油膏…15g
- 冰糖（或黑糖）…30g
- 米酒…23g
- 蒜末…5g
- 薑泥…3g
- 蜂蜜…15g
- 白胡椒粉…3g
- 八角粉（或五香粉）…3g
- 辣椒粉（或辣椒水）…依喜好

表面用　蜜汁風味醬汁
（1：1：1）

- 醬油膏…50g
- 蜂蜜…50g
- 冷開水…50g

> 辣椒粉具有畫龍點睛的作用，除了增添香辣風味，也提升了香氣的層次感。

作法 How to Make

● 蜜汁風味醬

01 將所有材料混合拌勻。

02 將所有材料Ⓐ用橡皮刮刀攪拌均勻。

03 將豬絞肉加入材料Ⓐ順著同方向攪拌均勻。

04 攪拌至絞肉變得有黏稠性（<u>肉乾成功關鍵</u>）。

- 鋪放肉漿

05 工作檯面上鋪放上烘焙紙，放上作法❹。

- 壓平

06 表面覆蓋上烘焙紙，用手先按壓均勻。

- 塑型

07 再用擀麵棍擀開使厚度一致。

08 用刮板平整四邊，整型成厚度約0.5〜0.7cm的長片狀。

- 初步烘烤定型

09 以上下火160℃，烘烤約15分鐘至水分與油脂釋出，用廚房紙巾拭乾釋出的肉汁油脂。

- 塗刷蜜汁

10 將肉片塗刷蜜汁風味醬。

- 壓蓋烤網

11 覆蓋上烘焙紙、壓蓋網狀烤盤再烘烤。

- 翻面回烤

12 將肉片翻面刷上蜜汁風味醬，繼續以上下火160℃，烘烤約10分鐘至肉片兩面緊實上色。

- 切長條

13 待冷卻，切除四邊裁切成長條狀。

- 切長條

14 再對切成兩等份。

- 上色蜜烤

15 將肉片兩面塗刷上蜜汁風味醬，以上下火180℃，烘烤5分鐘至上色有光澤、帶糖香。

- 乾燥風乾

16 若有食物乾燥機，可將肉片呈間距排放網狀烤盤上，塗刷蜂蜜水，用乾燥機風乾。

Love Snacks 1　歷久彌新，懷舊經典的新浪潮

45

Pork Jerky

零食

茶點

下酒

伴手禮

海苔脆片肉紙

★★★★

不油不膩，薄如蟬翼的酥脆零食。
清爽海苔包裹著極薄酥脆的肉紙，每一口都感受得到獨特的層次口感，
香脆可口，一口接一口，欲罷不能。

成品數量
約可做 1 盤

模型工具
網狀烤盤

保存期限
冷藏 5 天

材料 Ingredients

瘦豬絞肉（豬腿肉或梅花豬肉）…200g

A
- 醬油…20g
- 細砂糖…20g
- 米酒…15g
- 蜂蜜…15g
- 白胡椒粉…3g
- 蒜泥…5g
- 熟白芝麻…5g

海苔片…2～3片

表面用 蜂蜜水（1：1）

蜂蜜…100g
冷開水…100g

美味手帖 Plus

手工肉乾無腐防無添加（一般肉乾會添加食品級硝酸鹽，能防腐且能增），若想讓肉品顏色更好看，可添加紅麴粉來增進色澤。絞肉攪拌好，放冷藏醃製一晚會更入味。

作法 How to Make

● 蜂蜜水 
01 所有材料混合拌勻，即成蜂蜜水。

● 調味拌勻
02 將所有材料Ⓐ放入容器裡。

03 用橡皮刮刀混合攪拌均勻。

● 攪拌至有黏性 
04 將豬絞肉加入材料Ⓐ，用槳狀攪拌器攪拌。

05 順著同方向攪拌均勻。

06 攪拌至絞肉變得有黏稠性（肉乾成功關鍵）。

● 鋪放肉漿 
07 工作檯面上鋪放上烘焙紙，放上作法❻。

● 壓平 
08 表面覆蓋上烘焙紙，用手先按壓均勻。

09 再用擀麵棍擀開使厚度一致。

● 抹成薄片 
10 用刮板由中間朝四周平整四邊。

11 整型成厚度約0.1～0.2cm的正方形，厚度要一致。

● 初步烘烤定型 
12 以上下火130℃，烘烤約20～25分鐘至水分與油脂釋出，用廚房紙巾拭乾釋出的肉汁油脂。

● 翻面回烤

13 此階段以低溫烘烤，讓肉片初步定型。

14 將肉片翻面塗刷調味汁，繼續以上下火150℃，烘烤約10～12分鐘至乾燥緊實有脆度。

● 剪片狀

15 待冷卻，用剪刀剪成方片狀。

● 上色脆化

16 以上下火180℃，烘烤5分鐘至定色、脆化。

● 乾燥風乾

17 若有食物乾燥機，可將肉片呈間距排放網狀烤盤上。

18 塗刷蜂蜜水，用乾燥機風乾。

● 包捲海苔

19 將裁好的海苔片（底端預留）放蛋捲機上，鋪放上肉片，薄刷蜂蜜水，撒上白芝麻。

→ **底端預留**，幫助黏合整型。

20 用細捲棒輔助，朝著同方向捲起到底。

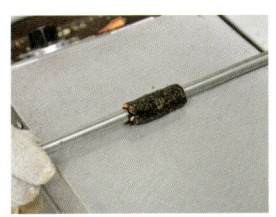

21 收合於底，稍按壓固定成型。

◆ POINT

使用平底鍋：平底鍋預熱。將裁成長片狀的海苔鋪底，鋪放上肉片，薄刷蜂蜜水、撒上白芝麻，捲成圓筒狀，稍按壓固定，烘乾到定色脆化。

Love Snacks 1　歷久彌新，懷舊經典的新浪潮

49

Cake
零食
茶點
伴手禮

Cake 芋泥肉鬆

Cake 經典肉鬆

經典肉鬆雪貝／芋泥肉鬆雪貝

✦ ✦ ✦ ✦

軟綿可口的蛋糕體，夾入奶霜內餡組合，外層整體裹滿肉鬆，鹹鹹甜甜多層次口感，不論是濃濃芋香或肉鬆口味，絕不容錯過的經典美味。

成品數量
10個

模型工具
直徑8cm圓形切模

保存期限
冷藏3天

材料 Ingredients

蛋糕體

A
| 蛋白…90g
| 細砂糖…40g

B
| 蛋黃…60g
| 細砂糖…20g

沙拉油…30g
牛奶…30g
低筋麵粉…50g

內餡 清爽奶霜

奶油乳酪…80g
無鹽奶油…50g
糖粉…30g
鮮奶油…25g
檸檬汁…5g

夾餡A 金莎肉鬆

肉鬆…50～80g
鹹蛋黃碎（或起司粉）
芝麻（或蔥花）

夾餡B 芋泥肉鬆

芋泥餡（P.54）…200g
肉鬆…50～80g

美味手帖 Plus

肉鬆雪貝其實就是肉鬆蛋糕。以戚風（或海綿）蛋糕為基底，夾層清爽奶油餡，外層裹上奶油霜與滿滿肉鬆的圓形糕點。內裡夾心除了奶油霜以外，美乃滋、花生醬或芋泥餡也很搭，鹹甜的滋味讓整體層次更升級。

Love Snacks 1　歷久彌新，懷舊經典的新浪潮

作法 How to Make

使用模型

● 模型

01 圓形鋁箔模。

02 直徑8cm圓形模框。

基本奶霜

● 清爽奶霜

03 清爽奶油霜的製作參見P.55。

蛋糕體

● 攪拌蛋黃

04 材料Ⓑ攪拌打至顏色轉乳白色，慢慢加入沙拉油、牛奶攪拌均勻。

● 加入粉類混合

05 加入過篩低筋麵粉攪拌均勻至無粉粒，即成蛋黃糊。

● 打蛋白霜

06 材料Ⓐ蛋白攪拌打至硬性發泡。

● 混合拌勻

07 取1/3的蛋白霜先加入蛋黃糊中拌勻。

08 再加入剩餘的蛋白霜輕輕切混合均勻即成。

● 準備烤模

09 鋁箔模呈間距擺放烤盤上。

● 擠入模型

10 將麵糊填裝擠花袋，擠入模型中至8分滿（托起烤盤底部，輕敲檯面震出麵糊中多餘的空氣）。

● 烘烤

11 以上下火170℃，烘烤約20分鐘。

12 烘烤中途，若有膨脹凸起的情況，可用竹籤插置中間處排除空氣，避免形成中空凹陷的情形。

口味A 肉鬆奶霜

● 出爐

13 待冷卻,撕除鋁箔模。

● 壓切整型

14 用圓形切模壓成直徑8cm圓形片。

● 夾餡

15 兩片一組。取一片蛋糕體在有烤色的表面均勻塗抹奶霜。

16 另取一片,覆蓋上另一片蛋糕(烤色面朝內)。

口味B 芋泥肉鬆奶霜

● 組合

17 表層塗抹奶霜。

18 均勻的沾裹一層肉鬆。

POINT
夾層餡也可以鋪放肉鬆、鹹蛋黃碎末;外層表面也可以撒上熟白芝麻或乾燥香蔥變化。

● 夾餡

19 取一片蛋糕體均勻塗抹奶霜。

● 組合

20 擠入芋泥餡(稍有厚度)。

21 另取一片,覆蓋上另一片蛋糕(烤色面朝內)。

22 表層塗抹奶霜,沾裹肉鬆。

23 均勻的沾裹一層肉鬆。

Love Snacks 1　歷久彌新,懷舊經典的新浪潮

BASIC

BASIC.01

自製芋泥餡

應用：芋泥肉鬆雪貝 P.50、
　　　　芋泥麻糬半月蛋糕 P.56

材料 Ingredients

蒸熟芋頭…200g　　鮮奶油…40～50g
無鹽奶油…10g
細砂糖…30g

作法 How to Make

01 蒸熟的芋頭，趁熱搗壓成泥狀。

02 加入細砂糖攪拌均勻，加入奶油攪拌至融合。

03 慢慢加入鮮奶油混合拌勻，用篩網過篩。

04 即成口感細緻的芋泥餡（也可保留顆粒感）。

美味的基本內餡

這裡介紹兩種用途多樣化的美味內餡，
以及自製麻糬餡，
都是台味點心常見的組合。
芋泥餡、清爽奶油霜，
無論直接塗抹或作為夾餡都很適合。

BASIC.02

清爽奶油霜

應用：古早砂糖蛋糕捲P.60、
芋泥麻糬半月蛋糕P.56

材料 Ingredients

奶油乳酪…80g　　鮮奶油…25g
無鹽奶油…50g　　檸檬汁…5g
糖粉…30g

作法 How to Make

01 奶油乳酪底部隔著熱水邊加熱邊攪拌。

02 加入奶油、糖粉攪拌至蓬鬆。

03 加入鮮奶油拌勻，加入檸檬汁混合拌勻。

04 完成清爽奶油霜（用保鮮膜覆蓋，冷藏）。

BASIC.03

自製麻糬餡

應用：芋泥麻糬半月蛋糕P.56、
巧克力麻糬餅P.118

材料 Ingredients

糯米粉…100g　　牛奶…200g
玉米粉（或太白粉）…10g　　無鹽奶油…10g
細砂糖…30g

作法 How to Make

01 所有材料（奶油除外）混合均勻，用微波或隔水加熱，邊加熱邊攪拌。

02 持續邊加熱邊攪拌，直至呈現透明黏稠狀。

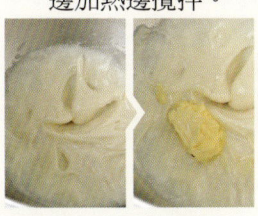

03 放入攪拌缸攪拌，加入奶油攪拌至完全融合。

04 放涼後冷藏備用，使用回溫至易於鋪展塑形的狀態。

Cake
零食
茶點
伴手禮

Cake 芋泥麻糬半月蛋糕

Cake 肉鬆半月蛋糕

芋泥麻糬半月蛋糕

★★★★

鬆軟的蛋糕,搭配截然不同的口感夾餡;
綿密香甜的芋泥與Q彈柔軟的麻糬交織出美味的平衡口感,
再以鬆軟蛋糕包捲成半月造型,美味又吸睛的小西點心。

成品數量
10個

模型工具
直徑10cm圓形模框

保存期限
冷藏2天

材料 Ingredients

蛋糕體

A
- 蛋黃⋯80g
- 細砂糖⋯30g

沙拉油⋯40g
牛奶⋯40g
低筋麵粉⋯100g

B
- 蛋白⋯120g
- 塔塔粉⋯少許
- 細砂糖⋯50g

內餡 清爽奶油餡

清爽奶油餡(P.55)⋯適量

內餡 芋泥餡

蒸熟芋頭泥⋯300g
細砂糖⋯50g
無鹽奶油⋯30g
鮮奶油⋯50g
牛奶⋯適量

內餡 麻糬餡

糯米粉⋯100g
玉米粉(或太白粉)⋯10g
細砂糖⋯30g
牛奶⋯200g
無鹽奶油⋯10g

內餡 肉鬆

肉鬆⋯適量
熟鹹蛋黃(壓碎)⋯適量

＊或用肉鬆餡搭配做成鹹甜口味。

Love Snacks 1　歷久彌新,懷舊經典的新浪潮

作法 How to Make

芋泥餡

01 芋泥餡的製作參見 P.54。

麻糬餡

02 混合 所有材料（奶油除外）混合均勻。

03 微波加熱 用微波或隔水加熱，邊加熱邊攪拌，直至呈現透明黏稠狀。

04 微波加熱中途取出，攪拌，再重複加熱、攪拌的操作，直至呈現透明黏稠狀。

05 加奶油 加入奶油攪拌至完全融合。

06 冷卻 放涼後冷藏備用，使用回溫至易於鋪展塑型的狀態。

蛋糕體

07 攪拌蛋黃 材料Ⓐ攪拌打至顏色轉乳白色。

08 慢慢加入沙拉油、牛奶，用打蛋器攪拌均勻。

09 加入粉類混合 加入過篩低筋麵粉攪拌均勻至無粉粒。

10 打蛋白霜 將材料Ⓑ的蛋白、塔塔粉，用球狀攪拌器攪拌打至起粗泡。

11 分成3次加入細砂糖攪拌打至濕性發泡（約7分發）。

12 完成的蛋白霜拉起時呈現立起堅挺的尖角。

● 混合拌勻
13 取1/3的蛋白霜先加入作法❾的蛋黃糊中拌勻。

● 完成麵糊
14 再加入剩餘的蛋白霜。

15 用橡皮刮刀輕輕切拌混合均勻，即成麵糊。

● 畫出輪廓
16 用圓形模框在烘焙紙上畫出輪廓大小（直徑10cm），翻面使用。

● 擠入麵糊
17 將作法❶⓹的麵糊裝入擠花袋（圓形花嘴），沿著圓形輪廓擠入麵糊。

● 烘烤
18 以上火170℃／下火150℃，烘烤約18～20分鐘。

19 烤至表面金黃、有彈性，取出、放冷卻。

● 夾餡／肉鬆
20 表面塗抹上奶油霜。

● 夾餡／芋泥麻糬肉鬆
21 再鋪滿一層肉鬆、熟鹹蛋黃。

22 將蛋糕體連同烘焙紙一起對折成半月型，待定型即可。

23 蛋糕體塗抹上奶油霜，放上壓扁的麻糬、肉鬆、芋泥。

24 將蛋糕體對折成半月型，待定型即可。

Love Snacks 1　歷久彌新，懷舊經典的新浪潮

- Cake
- 零食
- 茶點
- 伴手禮

古早砂糖蛋糕捲

★★★★

樸實無華的砂糖蛋糕捲，也稱「毛巾蛋糕捲」！
鬆軟的口感中，還有砂糖的顆粒口感，濃濃的蛋香味交織著砂糖的清甜，
簡單卻也讓人難以忘懷的美味。

材料 Ingredients

成品數量
約 3 捲

模型工具
烤盤 30×30cm

保存期限
室溫 2 天

蛋糕體

全蛋…200g
細砂糖…80g
沙拉油…40g
牛奶…40g
香草醬…少許
低筋麵粉…60g

夾餡

奶油霜（P.55）…適量

表面用

細砂糖…80～100g

美味手帖 Plus

古早砂糖蛋糕捲，完成當日的口感最佳，吃不完的可放密封盒裡，冷藏保存約4～5天。蛋糕表面的砂糖，時間久了會有吸濕的現象是正常，食用的時候可以再沾細砂糖。

Love Snacks 1　歷久彌新，懷舊經典的新浪潮

作法 How to Make

使用模型

● 模型
01 30×30cm烤盤。

● 鋪烘焙紙
02 烘焙紙裁好鋪放烤盤裡。

蛋糕體

● 攪拌全蛋
03 全蛋、細砂糖用球狀攪拌器攪拌。

04 打至顏色呈乳白色濃稠狀。

05 蛋糕拉起畫紋路會有明顯的痕跡。

● 混合液體
06 將沙拉油、牛奶、香草醬混合。

07 用打蛋器攪拌混合均勻。

08 取1/3的作法❺先加入作法❼中拌勻。

09 再倒入剩餘的作法❺中混合拌勻。

● 加入粉類混合
10 低筋麵粉過篩後平均分布的加入作法❾中。

11 用橡皮刮刀以切拌的方式混合拌勻。

● 倒入模型
12 麵糊倒入鋪好烘焙紙的烤盤中,用刮板由中間朝四邊抹平。

● 烘烤

13 以上火190℃／下火160℃，烘烤約15～18分鐘。

14 烤至表面上色。出爐，將蛋糕翻面使烤色面朝下，撕除烘焙紙。

● 整型

15 待蛋糕體冷卻至微溫，裁切成三等份（烤色面朝下），塗抹上奶油霜。

16 從近身端將擀麵棍連同烘焙紙捲起。

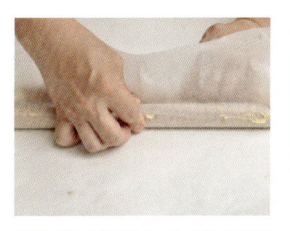

17 順著同方向捲起至底。

18 收合於底，捲成圓筒狀。

● 完工組合

19 將蛋糕捲緊密定型。

20 在表面沾裹上細砂糖，收口朝下放置，使其定型。

● 切小段

21 將蛋糕捲切成6cm長段。

● 成品

22 完成。

Love Snacks 1　歷久彌新，懷舊經典的新浪潮

63

Cookie

零食

茶點

伴手禮

原味牛粒

★ ★ ★ ★

「牛栗」、「牛粒」也就是「福臨甲」，源於手指餅乾的日語音譯而來。
因香甜的滋味與可愛的外形，類似於法式甜點馬卡龍，
也有「台式馬卡龍」號稱。

材料 Ingredients

成品數量
30組

模型工具
擠花袋、圓形花嘴 SN7067

保存期限
室溫 3～5 天

餅乾體
蛋白⋯100g
細砂糖⋯60g
蛋黃⋯60g
香草醬⋯少許
低筋麵粉⋯80g
糖粉（表面用）⋯適量

夾餡 奶油霜
無鹽奶油⋯100g
糖粉⋯60g
奶粉⋯10g

作法 How to Make

奶油霜

● 奶油霜

01 奶油攪拌打至鬆發。

02 加入糖粉、奶粉攪拌均勻。

餅乾體

● 打發蛋白

03 蛋白用球狀攪拌器攪拌打至起泡。

04 分成3次加入細砂糖攪拌打發至中性接近硬性發泡（8分發）（用攪拌器拉起蛋白霜時呈挺立尖角狀）。

Love Snacks 1　歷久彌新，懷舊經典的新浪潮

● 攪拌蛋黃

05 蛋黃打散加入香草醬。

06 用打蛋器攪拌均勻（不需要長時間打發）。

● 混合拌勻

07 取部分的蛋白霜，先加入蛋黃糊中拌勻。

08 再加入剩餘的蛋白霜，輕輕切拌混合均勻。

● 加入麵粉混合

09 分次加入過篩的低筋麵粉。

10 用刮刀輕柔的拌混均勻，避免消泡，即成麵糊。

● 裝入擠花袋

11 將麵糊裝入擠花袋（圓形花嘴）。

● 擠出塑型

12 在鋪好烘焙紙的烤盤中，呈等間距，擠入直徑約3～4cm麵糊。

● 篩糖粉

13 在表面篩撒一層糖粉，靜置1分鐘，再篩撒第二次（形成脆皮）。

● 烘烤

14 以上火200℃／下火160℃，烘烤約10～12分鐘。

15 至表面微金黃、底部定型。出爐，移置涼架上待冷卻。

● 夾餡組合

16 兩個相同大小為一組，在其中一平坦面擠上內餡，蓋上另一片即可。

Cookie

零食

茶點

伴手禮

Cookie 草莓牛粒

Cookie 可可牛粒

草莓牛粒／可可牛粒

★ ★ ★ ★

細緻的口感中又帶點鬆脆感，有點類似海綿蛋糕，
有原味香草、草莓、巧克力這些基本款，
夾層主要為濃郁的奶油霜，吃起來外脆內軟，是知名度相當的台式小西點。

材料 Ingredients

成品數量
30組

模型工具
擠花袋、圓形花嘴 SN7067

保存期限
室溫 3～5 天

草莓餅乾體
蛋白⋯100g
細砂糖⋯60g
蛋黃⋯60g
低筋麵粉⋯80g
草莓醬⋯少許
糖粉（表面用）⋯適量

可可餅乾體
蛋白⋯100g
細砂糖⋯60g
蛋黃⋯60g
低筋麵粉 80g
可可粉⋯15g
糖粉（表面用）⋯適量

夾餡
奶油霜（P.65）

＊基底麵糊為1種口味的份量，添加抹茶粉5g即可做成抹茶口味。

作法 How to Make

草莓牛粒

● 草莓口味

01 麵糊製作參見「原味牛粒」作法3-10，在作法9時分次加入過篩的低筋麵粉、草莓醬混合拌勻。

● 擠出塑型

02 將麵糊裝入擠花袋（圓形花嘴）。

03 在鋪好烘焙紙的烤盤中，呈等間距，擠入直徑約3～4cm麵糊。

● 篩糖粉

04 用篩網在表面篩撒一層糖粉。

05 靜置1分鐘，再篩撒第二次（形成脆皮）。

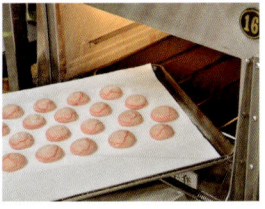

06 以上火200℃／下火160℃，烘烤約10～12分鐘。

07 烤至表面微金黃、底部定型。出爐，移置涼架上待冷卻。

● 夾餡組合

08 兩個相同大小為一組，在其中一平坦面擠上內餡。

可可牛粒

09 蓋上另一片即可。

● 成品

10 完成。

● 可可口味

11 麵糊製作參見「原味牛粒」作法3-10，在作法9時分次加入過篩的低筋麵粉、可可粉，用刮刀輕柔的拌混均勻，避免消泡。將麵糊裝入擠花袋（圓形花嘴）。

● 擠出塑型

12 在鋪好烘焙紙的烤盤中，呈等間距，擠入直徑約3～4cm麵糊。

● 篩糖粉

13 用篩網在表面篩撒一層糖粉，靜置1分鐘，再篩撒第二次（形成脆皮）。

● 烘烤

14 以上火200℃／下火160℃，烘烤約10～12分鐘，至表面微金黃、底部定型。出爐，移置涼架上待冷卻。

● 夾餡組合

15 兩個相同大小為一組，在其中一平坦面擠上內餡，蓋上另一片即可。

● 成品

16 完成兩種組合。

Cookie

零食

茶點

伴手禮

Cookie 可可西摩利餅

Cookie 原味西摩利餅

西摩利餅 (原味、可可)

★ ★ ★ ★

從外觀來看,有點類似擠花奶酥餅,
原味餅乾的兩側沾上巧克力,是早期流行時的型態,改良演變至今,
也有使用不同口味巧克力與堅果碎的搭配。

成品數量
20 組

模型工具
擠花袋、12 鋸齒花嘴 SN7113

保存期限
室溫 3 天

材料 *Ingredients*

餅乾體

無鹽奶油…150g
糖粉…100g
鹽…2g
全蛋…50g
香草醬…2g
奶粉…30g
A | 低筋麵粉…200g
　 | 玉米粉…20g

夾餡 奶油霜

奶油…100g
糖粉…60g
奶粉…10g

表面用

白巧克力
(或牛奶、苦甜、草莓巧克力)
檸檬皮屑
(或開心果碎)

美味手帖 Plus

餅乾體也適合做其他口味的變化!依據原味配方裡的材料份量,不加玉米粉,另外添加可可粉20g,或者抹茶粉15g即可做成可可、抹茶口味。

Love Snacks 1　歷久彌新,懷舊經典的新浪潮

作法 How to Make

使用工具

● 工具

01 12齒鋸齒花嘴 SN7113。

夾餡

● 奶油霜

02 奶油攪拌打至鬆發，加入糖粉、奶粉攪拌均勻。

餅乾體

● 攪拌奶油

03 軟化奶油、糖粉、鹽放入攪拌缸，用槳狀攪拌器攪拌。

04 攪拌打至乳白色的蓬鬆狀。

● 加入全蛋

05 分次加入全蛋攪拌混合均勻，每次都要攪拌到完全吸收再加下一次，最後加入香草醬拌勻。

● 加入奶粉

06 加入奶粉先攪拌至融合。

● 加入粉類混合

07 加入混合過篩的材料Ⓐ。

08 攪拌混合均勻至無粉粒，不要過度攪拌，以免出筋影響口感。

● 變化／可可口味

09 若想變化口味，可在作法❼時加入過篩可可粉拌勻。

● 擠花塑型

10 將麵糊裝入擠花袋（鋸齒花嘴）。在烤盤上以呈連續S狀的方式擠出麵糊。

11 完成兩種口味的擠花塑型。

● 烘烤

12 以上下火200℃，烘烤約20～25分鐘。

● 出爐

13 烤至餅乾邊緣呈現金黃色。

14 烘烤完成,移出烤盤,放冷卻。

● 融化巧克力

15 白巧克力隔水加熱至融化。

16 草莓巧克力隔水加熱至融化。

● 夾餡／原味

17 兩個相同大小為一組,在其中一平坦面擠上內餡。

18 再蓋上另一片,壓平,使內餡平均分布。

● 沾裹巧克力

19 將餅乾的兩端呈斜角度沾裹上白巧克力。

20 完成原味口味夾餡、裝飾。

● 夾餡／可可

21 兩個相同大小為一組,在其中一平坦面擠上內餡。

22 再蓋上另一片,壓平,使內餡平均分布。

● 沾裹巧克力

23 將餅乾的兩端呈斜角度沾裹上草莓巧克力。

24 完成可可口味夾餡、裝飾。

Love Snacks 1　歷久彌新,懷舊經典的新浪潮

Egg Roll

零食

茶點

下酒

伴手禮

海苔肉鬆實心蛋捲

★★★★

原味蛋香點綴海苔清新香氣,填充滿滿的肉鬆餡料,外皮輕薄酥脆,內餡飽滿順口,味覺層次大升級,一口咬下,無限滿足。

| 材料 | Ingredients |

成品數量
15 捲

模型工具
蛋捲機、捲棒

保存期限
室溫 3～5 天

蛋捲皮

全蛋…150g
細砂糖…80g
鹽…2g
牛奶…30g
無鹽奶油…130g
低筋麵粉…100g
海苔粉…1小匙

內餡

肉鬆…約80g
奶油…30g
海苔片…6～8小片

美味 手帖 Plus

利用蛋捲機、蛋捲專用平底煎盤外,若家中有平底煎烤盤也可使用。作法大同小異,以平底煎盤為例:將平底煎鍋小火加熱→用紙巾沾取少許油薄刷表面→舀入一勺的麵糊→攤平成圓形薄片→煎至微金黃→翻面將兩面煎金黃。

Love Snacks 1　歷久彌新,懷舊經典的新浪潮

作法 How to Make

使用工具
內餡
蛋捲皮

● 工具

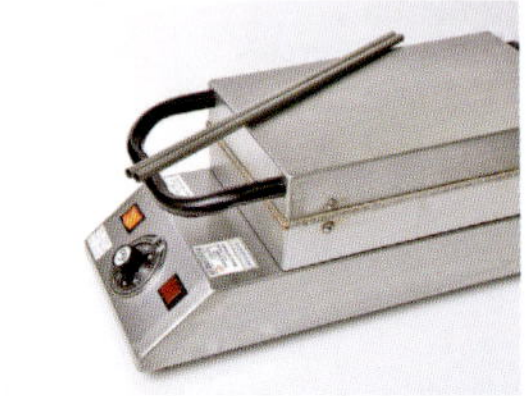

01 蛋捲機（或平底煎盤）、捲棒。

● 肉鬆餡

02 肉鬆加入室溫軟化的奶油（或用美乃滋）。

03 混合攪拌均勻。

● 攪拌全蛋

04 全蛋、細砂糖、鹽放入攪拌缸，用球狀攪拌器攪拌。

05 攪拌混合均勻。

● 加入牛奶

06 慢慢的加入牛奶。

07 混合攪拌均勻。

● 加入融化奶油

08 分次加入融化奶油攪拌融合。

● 加入粉類混合

09 加入過篩的低筋麵粉拌勻至無粉粒。

● 冷藏鬆弛

10 加入海苔粉攪拌均勻，覆蓋上保鮮膜，冷藏靜置10分鐘。

POINT
靜置鬆弛能讓麵粉充分吸足水分。

● 預熱

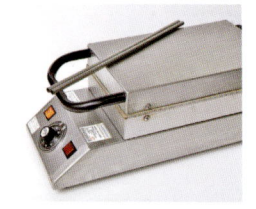

11 蛋捲機預熱至所需的溫度（180℃）或使用不沾平底鍋加熱。

● 煎製整型

12 用冰淇淋勺舀入麵糊（約25～30g）。

13 蓋上上蓋，壓成薄片烘烤至微金黃（開始的前幾片可作為測試爐溫使用）。

14 用捲棒放在近身側，利用切麵刀輔助。

15 順勢往前推捲。

● 鋪海苔

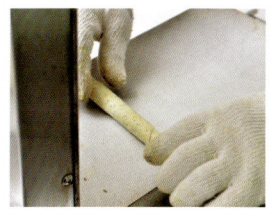

16 捲起到底，使收合口朝下。

17 鋪放事先裁好的海苔片。

18 在長側邊放上蛋捲。

19 捲起到底（稍預留空間），噴上少許水（幫助黏合）。

● 裁小段　　● 填充內餡

20 捲好成型並將收合口朝下，待冷卻定型。

21 將蛋捲裁切成長約6cm。

22 在空心處擠入肉鬆餡。

23 兩側再沾裹肉鬆餡即成。

Love Snacks 1　歷久彌新，懷舊經典的新浪潮

Egg Roll

零食

茶點

伴手禮

花生粒粒醬心蛋捲

✦ ✦ ✦ ✦

含有花生碎粒的香醇花生醬，香濃滑順不油膩，搭配酥脆蛋捲皮，
讓人難以抗拒的濃醇組合。一口大小方便食用，每一口都是無比的享受。

材料 *Ingredients*

成品數量
15捲

模型工具
蛋捲機、捲棒

保存期限
室溫 3～5 天

蛋捲皮
全蛋…100g
細砂糖…80g
牛奶…20g
香草醬…少許
無鹽奶油…100g
低筋麵粉…100g

內餡 花生醬
花生醬（顆粒）…100g
無鹽奶油…30g
糖粉…20g
鹽…2g

Love Snacks 1　歷久彌新，懷舊經典的新浪潮

作法 *How to Make*

花生醬

● 混合拌勻

01 花生醬、奶油攪拌均勻，加入糖粉、鹽混合拌勻，裝入擠花袋，冷藏備用。

蛋捲皮

● 攪拌全蛋

02 全蛋、細砂糖放入攪拌缸，用球狀攪拌器攪拌。

03 攪拌混合均勻。

● 加入牛奶

04 加入牛奶、香草醬混合拌勻。

● 加入融化奶油

05 奶油隔水加熱融化,分次加入作法 ❹ 攪拌融合。

● 加入粉類混合

06 加入過篩的低筋麵粉,用球狀攪拌器攪拌。

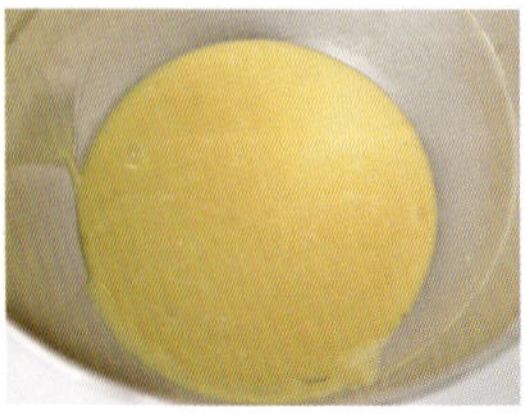

07 攪拌混合均勻至無粉粒。

● 冷藏鬆弛

08 將麵糊覆蓋上保鮮膜,冷藏靜置10分鐘(<mark>靜置鬆弛能讓麵粉充分吸足水分</mark>)。

● 預熱

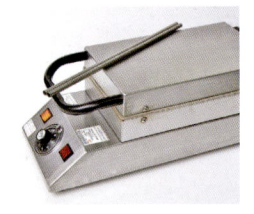

09 蛋捲機預熱至所需的溫度(180℃)或使用不沾平底鍋加熱。

● 煎製整型

10 用冰淇淋勺舀入麵糊(約25〜30g),蓋上上蓋,壓成薄片烘烤至微金黃。

11 用捲棒放在近身側,利用切麵刀輔助。

12 順勢往前推捲。

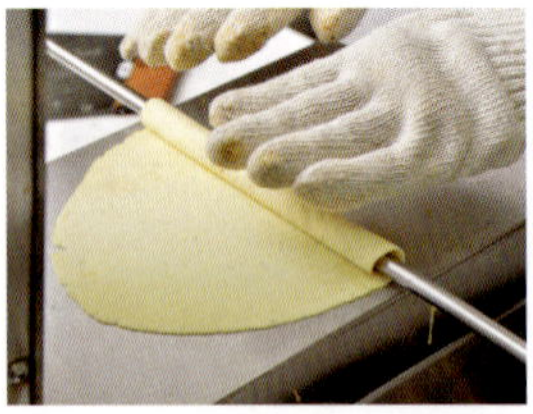

13 邊捲起到底。

14 捲成圓筒狀,收合口朝下,待冷卻定型,抽出捲棒。

● 裁小段

15 將蛋捲裁切成長約3〜4cm。

● 填充內餡

16 將花生醬擠入空心捲裡,兩側再補滿內餡。

80

Egg Roll

零食

茶點

下酒

伴手禮

Egg Roll
金沙鹹蛋黃醇心蛋捲

金沙鹹蛋黃醇心蛋捲

★ ★ ★ ★

厚實酥脆的蛋捲外衣包捲金沙鹹蛋黃餡，一口咬下，
淡淡的奶香後韻伴隨金沙鹹蛋黃的香氣，
鹹甜滋味在口中綻放，口感極富層次。

材料 *Ingredients*

成品數量
15 捲

模型工具
蛋捲機、捲棒

保存期限
室溫 3～5 天

蛋捲皮

全蛋⋯100g
細砂糖⋯90g
鹽⋯2g
牛奶⋯30g
無鹽奶油⋯100g
低筋麵粉⋯100g

內餡 金沙鹹蛋黃

熟鹹蛋黃⋯6顆
無鹽奶油⋯50g
奶油起司⋯20g
煉乳⋯8g
奶粉⋯5g
白胡椒粉⋯1g

作法 *How to Make*

金沙鹹蛋黃餡

● 炒鹹蛋黃

01 奶油放入鋼盆裡，以小火加熱至融化。

02 加入搗碎的熟鹹蛋黃拌炒香。

● 加入材料拌合

03 加入奶油起司拌炒融合。

04 再依序加入其他材料。

蛋捲皮

● 蛋捲麵糊　● 預熱　● 煎製整型

05 小火拌炒均勻成細滑狀態。

06 蛋捲麵糊製作參見「海苔肉鬆實心蛋捲」P.76作法4-9。

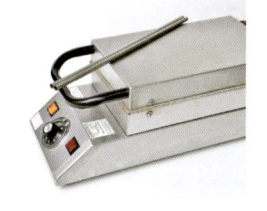

07 蛋捲機預熱至所需的溫度（180℃）或使用不沾平底鍋加熱。

08 用冰淇淋勺舀入麵糊（約25～30g），蓋上上蓋，壓成薄片烘烤至微金黃。

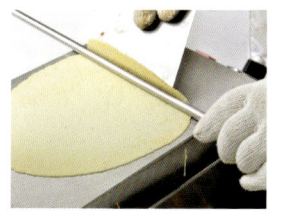

09 用捲棒放在近身側，利用切麵刀輔助。

10 順勢往前推捲。

11 捲起到底。

12 捲成圓筒狀，收合口朝下，待冷卻定型，抽出捲棒。

● 裁小段　● 填充內餡　● 成品

13 捲成圓筒狀，收合口朝下，待冷卻定型，抽出捲棒。

14 將蛋捲裁切成長約4cm。

15 將金沙鹹蛋黃餡擠入空心捲裡，兩側再補滿內餡。

16 完成。

Love Snacks 1　歷久彌新，懷舊經典的新浪潮

83

| Egg Roll |
| 零食 |
| 茶點 |
| 下酒 |
| 伴手禮 |

Egg Roll 海苔旗魚鬆枕頭酥

Egg Roll 海苔鳳凰肉鬆

海苔鳳凰肉鬆／海苔旗魚鬆枕頭酥

★ ★ ★ ★

傳統蛋捲演變而成，酥脆的蛋捲皮裡均勻地布滿了肉鬆餡，輕輕一口咬下，吃得到濃郁蛋奶香，以及層層交疊的肉鬆，雙重口感的完美搭配。

材料 Ingredients

成品數量
15 捲

模型工具
蛋捲機、捲棒

保存期限
室溫 3～5 天

蛋捲皮 鳳凰肉鬆
全蛋⋯100g
細砂糖⋯80g
鹽⋯1g
牛奶⋯30g
無鹽奶油⋯90g
低筋麵粉⋯100g

肉鬆餡
A | 肉鬆⋯80g
　| 無鹽奶油⋯10g
海苔片

蛋捲皮 旗魚鬆枕頭酥
全蛋⋯100g
細砂糖⋯80g
鹽⋯1g
牛奶⋯30g
無鹽奶油⋯80g
低筋麵粉⋯100g
奶粉⋯5g

旗魚餡
B | 旗魚鬆⋯100g
　| 美乃滋⋯50g
海苔片

Love Snacks 1　歷久彌新，懷舊經典的新浪潮

作法 How to Make

旗魚鬆枕頭酥蛋捲皮（鳳凰肉鬆麵糊作法相同）

● 攪拌全蛋
01 全蛋、細砂糖、鹽放入攪拌缸，用球狀攪拌器攪拌。

● 加入牛奶
02 慢慢的加入牛奶混合拌勻。

● 加入融化奶油
03 分次加入融化奶油攪拌融合。

● 加入粉類混合
04 加入過篩的低筋麵粉、奶粉拌勻至無粉粒。

鳳凰肉鬆

● 冷藏鬆弛

POINT
靜置鬆弛能讓麵粉充分吸足水分。

05 覆蓋上保鮮膜，冷藏靜置10分鐘。

● 預熱

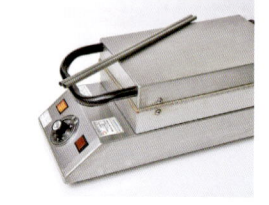

06 蛋捲機預熱至所需溫度（180℃）。

● 肉鬆餡

07 肉鬆、融化奶油混合拌勻（或塑型成扁形方片狀方便包覆）。

● 煎製整型

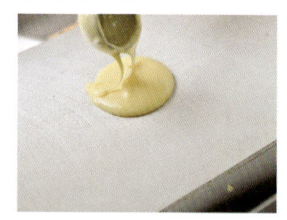

08 用冰淇淋勺舀入麵糊（約25～30g）。

09 蓋上上蓋，壓成薄片煎至微金黃。

● 鋪餡

10 在蛋捲皮上放上肉鬆餡（約10g）。

● 折疊整型

11 用切麵刀輔助。

12 由左右兩往中間折疊。

13 再由底部順著同方向折疊成四方狀。

14 收口朝下待冷卻定型。

● 鋪海苔

15 海苔片裁成長條片，鋪底（稍噴水霧）。

旗魚鬆枕頭酥

16 放上折疊好的鳳凰肉鬆。

17 包捲一圈成型。

● 旗魚鬆餡

18 旗魚鬆、美乃滋混合拌勻。

● 煎製整型

19 用冰淇淋勺舀入麵糊（約25～30g）。

20 蓋上上蓋，壓成薄片煎至微金黃，成長條形薄片（厚度約1mm），取出。

● 鋪海苔

21 海苔片裁成對半，鋪底（稍噴水霧）。

22 放上作法❷。

● 鋪餡

23 在蛋捲皮上放上旗魚鬆餡（約10g）。

● 折疊整型

24 用切麵刀輔助。

25 由左右兩往中間折疊。

26 再由底部順著同方向折疊成長方形枕頭狀。

27 收口朝下稍加熱使其定型。

Egg Roll

零食

茶點

伴手禮

Egg Roll 伯爵紅茶8結蛋捲

Egg Roll 宇治抹茶8結蛋捲

伯爵紅茶8結蛋捲／宇治抹茶8結蛋捲

★★★★

突破蛋捲的既有框架，以8字結的形式呈現，
蛋香四溢，口感酥脆，打了花結的蛋捲，嘗起來就是很不一樣。

材料 Ingredients

成品數量
15個

模型工具
蛋捲機、捲棒

保存期限
室溫 5～10天

紅茶口味蛋捲皮

全蛋…100g
細砂糖…90g
鹽…1g
牛奶…20g
無鹽奶油…100g
低筋麵粉…100g
紅茶粉…5g

抹茶口味蛋捲皮

全蛋…100g
細砂糖…90g
鹽…1g
牛奶…20g
無鹽奶油…100g
低筋麵粉…100g
抹茶粉…3g

Love Snacks 1　歷久彌新，懷舊經典的新浪潮

作法 How to Make

2種口味麵糊

● 攪拌全蛋

01 全蛋、細砂糖、鹽放入攪拌缸，用球狀攪拌器攪拌。

● 加入牛奶、奶油

02 加入牛奶混合拌勻，分次加入融化奶油攪拌融合。

● 加入粉類混合

03 加入過篩的低筋麵粉、紅茶粉（或抹茶粉）拌勻至無粉粒。

● 冷藏鬆弛

04 紅茶口味麵糊，覆蓋上保鮮膜，冷藏靜置10分鐘。

89

伯爵紅茶8結蛋捲

● 預熱　　● 煎烤整型

05 抹茶口味麵糊，覆蓋上保鮮膜，冷藏靜置10分鐘。

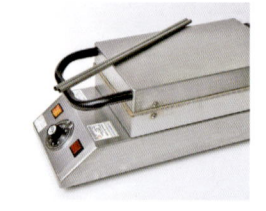

06 蛋捲機預熱至所需的溫度（180℃）或使用不沾平底鍋加熱。

07 用冰淇淋勺舀入麵糊（約25～30g），蓋上上蓋，壓成薄片烘烤至微金黃。

08 利用切麵刀從上下兩側往中間推折。

宇治抹茶8結蛋捲

09 推成皺折的緞帶狀。

10 將蛋捲從兩側往中間擰成「∞」形狀，待冷卻定型。

11 變化造型，塑型成水滴狀。

12 用冰淇淋勺舀入麵糊（約25～30g），蓋上上蓋，壓成薄片烘烤至微金黃，邊緣酥脆。

13 利用切麵刀從上下兩側往中間推折。

14 推成皺折的緞帶狀。

15 將蛋捲從兩側往中間擰成「∞」形狀。

16 待冷卻定型（或將兩側往反方向朝中間捏緊成「∞」）。

Roll Cookie

零食

茶點

伴手禮

Roll Cookie 脆餅甜心捲

脆餅甜心捲

★ ★ ★ ★

以薄脆煎餅的概念，結合蛋捲的成型手法，
將薄餅趁熱塑型成空心狀，搭配對味的實心內餡，享受不同於蛋捲的香脆口感。

材料 Ingredients

成品數量
15個

模型工具
蛋捲烤盤、捲棒

保存期限
室溫5天

脆餅皮
無鹽奶油…100g
細砂糖…80g
全蛋…100g
牛奶…30g
香草醬…少許
低筋麵粉…100g
玉米粉…20g
鹽…1g
海苔粉（或芝麻粉）…適量

內餡 奶油夾心餡
無鹽奶油…80g
糖粉…40g
奶粉…10g
香草醬…少許

作法 How to Make

使用工具 ▸ **奶油夾心餡** ▸ **脆餅皮**

● 工具

01 蛋捲機（或平底煎盤）、捲棒。

● 奶油夾心餡

02 將所有材料攪拌打至呈乳霜狀的滑順狀態。

● 攪拌奶油

03 軟化奶油、細砂糖攪拌打至呈乳霜狀。

● 加入全蛋

04 分次加入全蛋攪拌至融合。

● 加入粉類混合　　　　　　　　　　　　　● 煎烤整型

05 加入牛奶、香草醬混合攪拌均勻。

06 加入過篩的低筋麵粉、玉米粉、鹽。

07 攪拌均勻至無粉粒。表面覆蓋上保鮮膜，冷藏靜置10～15分鐘。

08 平底煎盤以小火加熱，用紙巾沾取少許油薄刷表面。以冰淇淋勺舀入麵糊（約25～30g）。

09 蓋上上蓋，壓成圓片狀（也可以在麵糊的表面撒上海苔粉或芝麻粉，烘烤至兩面微金黃約2～3分鐘，邊緣酥脆，變化口味）。

10 煎至微金黃，翻面將兩面煎金黃（兩面各約15秒），邊緣酥脆。

11 利用切麵刀輔助推捲。

12 用捲棒將脆餅皮捲成圓筒狀。

● 冷卻定型　　　　　● 填充內餡

13 收口朝下，稍定型。

14 連同捲棒，以收合口朝下放置，冷卻定型。

15 將脆餅捲中空處填入奶油夾心餡即可。

其他口味變化
- 海苔奶油：奶油夾心餡、鹽、海苔粉
- 芝麻奶油：奶油夾心餡、黑芝麻醬
- 芋泥口味：芋泥餡、奶油夾心餡，可加奶油調整滑順度
- 地瓜口味：地瓜泥餡、奶油夾心餡，可加奶油調整滑順度

Love Snacks 1　歷久彌新，懷舊經典的新浪潮

Almond Tuile

零食
茶點
下酒
伴手禮

金沙鹹蛋黃瓦片酥

★★★★

使用全蛋搭配溫潤的鹹蛋黃製作,烤出來的瓦片口感濕潤、鬆脆,且更有蛋香味,不過加了全蛋的瓦片較容易回軟,完成後要及時密封並盡早食用。

材料 *Ingredients*

成品數量
20～30個

模型工具
--

保存期限
室溫15天

全蛋…100g
熟鹹蛋黃…1顆
無鹽奶油…20g
糖粉…50g
低筋麵粉…30g
奶粉…5g
杏仁片…80g

趁熱放進模型中塑型,像是U型模型就能做出弧度成型瓦的形狀。或是利用擀麵棍,將出爐後的餅乾直接沿著擀麵棍的弧度貼上餅乾,塑出弧度。

作法 How to Make

● 壓碎鹹蛋黃
01 熟鹹蛋黃搗壓成細粒粉狀。

●
02 將全蛋、作法❶攪拌混合均勻。

● 加入融化奶油
03 加入隔水融化的奶油、糖粉,用打蛋器混合輕攪拌均勻。

● 加入粉類混合
04 加入混合過篩的低筋麵粉、奶粉,攪拌均勻至無粉粒。

● 混入材料
05 加入杏仁片,用刮刀混合拌勻。

● 冷藏鬆弛
06 將麵糊表面覆蓋上保鮮膜,置於冰箱冷藏鬆弛30分鐘,增加黏度。

● 塑型
07 將麵糊倒入鋪好烘焙紙的烤盤上,用刮刀抹平成片狀。

08 表面覆蓋上烘焙紙,用擀麵棍平整成厚度一致的薄片狀。

● 烘烤
09 以上下火150℃,烘烤約15～18分鐘。

10 烤至餅乾邊緣呈現金黃色。

● 剪成方片
11 出爐,趁熱剪成方片狀,放入烤盤。

● 回烤酥脆
12 再次回烤3分鐘至酥脆。冷卻,密封保存。

Love Snacks 1　歷久彌新,懷舊經典的新浪潮

Almond Tuile

零食

茶點

伴手禮

抹茶杏仁瓦片酥

★★★★

抹茶的清新香氣，結合杏仁片的香脆，一片片飽滿的瓦片酥，每一口都甘甜深邃。

材料 Ingredients

成品數量
20～30個

模型工具
--

保存期限
室溫15天

全蛋…100g
糖粉…50g
無鹽奶油…25g
低筋麵粉…30g
抹茶粉…5g
杏仁片…80g

烤好的瓦片酥要立即移出烤盤，移到涼架上冷卻，否則烤盤的溫度會使瓦片持續上色。冷卻後一定要放置密封的容器，以免受潮口感變得不酥脆。

作法 How to Make

● 攪拌全蛋

01 全蛋邊隔水加熱邊用打蛋器攪拌。

02 加入糖粉攪拌均勻至融解。

● 加入奶油

03 加入奶油加熱至融化。

04 攪拌混合均勻。

● 加入粉類混合

05 加入混合過篩的低筋麵粉、抹茶粉。

06 用打蛋器攪拌混合均勻至無粉粒。

● 加入杏仁片

07 加入杏仁片，用刮刀混合拌勻。

● 冷藏鬆弛

08 將麵糊表面覆蓋上保鮮膜，放冰箱冷藏鬆弛30分鐘，增加黏度。

● 整型

09 舀取麵糊（20g）放置於鋪好烘焙紙的烤盤上（麵糊與麵糊之間呈間距），並用匙背攤開壓平，整型成薄片狀。

● 烘烤

10 以上下火150℃，烘烤約15～18分鐘至餅乾邊緣呈現金黃色。

● 冷卻

11 出爐放冷卻，密封保存（或趁熱塑型成U型狀）。

● 成品

12 完成。

Love Snacks 1　歷久彌新，懷舊經典的新浪潮

Almond Tuile

零食

茶點

伴手禮

巧克力杏仁瓦片酥

★★★★

不同於全蛋的鬆脆，以蛋白烤好的瓦片口感更加清脆。
可可的香氣、酥脆口感，以及杏仁堅果香，一口就能嘗到濃郁杏仁薄片的香甜。

材料 Ingredients

成品數量
20～30個

模型工具
--

保存期限
室溫15天

蛋白…100g
糖粉…50g
無鹽奶油…25g
低筋麵粉…30g
可可粉…8g
杏仁片…80g

經典的樣式是輕薄宛如瓦片的形狀聞名，口感輕薄酥脆，直接吃就很好吃；另外，也常搭配甜點、冰淇淋，近年來還有杏仁瓦片夾心牛軋糖的新穎吃法。

作法 How to Make

● 攪拌蛋白
01 蛋白邊隔水加熱，邊用打蛋器攪拌至起粗泡。

02 加入糖粉攪拌均勻。

● 加入粉類混合
03 加入混合過篩的低筋麵粉、可可粉，攪拌均勻至無粉粒。

● 加入融化奶油
04 加入事先隔水融化的奶油攪拌混合均勻。

● 加入杏仁片
05 加入杏仁片。

06 用刮刀混合拌勻。

● 冷藏鬆弛
07 將麵糊表面覆蓋上保鮮膜，放冷藏鬆弛30分鐘，增加黏度。

● 整型
08 舀取麵糊（15g）放置於鋪好烘焙紙的烤盤上（麵糊與麵糊之間呈間距）。

POINT
整型時將麵糊均勻攤平，愈薄越好，盡量避免讓杏仁片重疊，這樣口感才會酥脆，也較不會有烤不熟的情形。

● 抹成圓片狀
09 湯匙背面沾水，用匙背攤開壓平，整型成薄圓片狀。

● 烘烤
10 以上下火150℃，烘烤約15～18分鐘至餅乾邊緣呈現金黃色。

● 冷卻
11 出爐放冷卻，密封保存（或趁熱塑型成U型狀）。

Love Snacks 1　歷久彌新，懷舊經典的新浪潮

99

Snowflake Crisp

零食

茶點

伴手禮

起司雪花酥

★★★★

完美結合酥脆餅乾與香甜彈牙的糖體。黑胡椒和紅椒粉的辛香，
與濃郁的奶香、起司交織出撲鼻的香氣，微鹹微甜的層次風味，濃郁奶香、鹹甜不膩。

材料 Ingredients

成品數量
30個

模型工具
糖果盤

保存期限
室溫10天

棉花糖…200g
無鹽奶油…50g
奇福餅乾…200g
南瓜子…60g

A
油蔥酥…30g
奶粉…50g
帕瑪森起司粉…30g
黑胡椒粒…5g
紅椒粉…2g

作法　How to Make

● **事前備製** 
01 奇福餅乾剝小塊；堅果用乾鍋炒香；油蔥酥備好。

● **融化棉化糖** 
02 棉花糖放入小鍋中，以小火隔水加熱至稍融化。

● **融化奶油** 
03 加入奶油邊加熱邊混合拌勻。

● **混合拌勻** 
04 持續攪拌至完全融化，關火。

● **加入材料** 
05 加入奇福餅乾、南瓜子。

06 趁熱迅速混合拌勻，避免冷卻變硬，不好操作。

● **調味** 
07 加入材料Ⓐ。

08 迅速翻拌混合均勻，確實讓材料沾附棉花糖體。

● **整型** 
09 將作法❽倒入鋪好烘焙紙的模型中。

10 用擀麵壓平，冷卻定型。

POINT
若想縮短靜置定型的時間，可覆蓋好保鮮膜，放冷藏約30分鐘即可。

● **切塊** 
11 分切成適口大小的塊狀。表面也可以再撒上起司粉風味更佳。

Love Snacks 1　歷久彌新，懷舊經典的新浪潮

101

Snowflake Crisp

零食

茶點

伴手禮

蔓越莓雪花酥

★★★★

香甜的果乾融入雪花般的棉花糖中，再由酥脆的餅乾融入香氣，
醇厚奶香、酸甜果乾、酥脆餅乾交疊出多層次口感，滿足您的味蕾。

材料 Ingredients

成品數量
30個

模型工具
糖果盤

保存期限
室溫 10天

棉花糖…200g
無鹽奶油…50g
奇福餅乾…250g
蔓越莓乾…40g
葡萄乾…30g
杏仁條（或腰果）…40g
南瓜子…30g
奶粉…60g

以此配方為基準，另外添加抹茶粉5g或可可粉5g製作，就能做出兩種不同的口味變化。作法相同，只要在步驟6時與奶粉同時加入混合拌勻即可。

作法 How to Make

● 事前備製 
01 奇福餅乾剝小塊；果乾用水泡軟、瀝乾水分；堅果用乾鍋炒香。

● 融化棉花糖 
02 棉花糖放入小鍋中，以小火隔水加熱至稍融化。

● 融化奶油 
03 加入奶油邊加熱邊混合拌勻。

● 混合拌勻 
04 持續攪拌至完全融化，關火。

● 加入材料 
05 加入奇福餅乾、果乾、堅果，趁熱迅速混合拌勻，避免冷卻變硬，不好操作。

● 調味 
06 加入奶粉。

07 混合拌勻（變化風味的抹茶粉或可可粉在此步驟加入拌勻）。

● 整型 
08 將作法❼倒入鋪好烘焙紙的模型中。

09 用擀麵壓平，冷卻定型。

POINT
若想縮短靜置定型的時間，可覆蓋好保鮮膜，放冷藏約30分鐘即可。

● 切塊 
10 分切成適口大小的塊狀。表面也可以再撒上薄薄一層的奶粉，防止沾黏。

POINT
完成的每顆雪花酥單獨密封包裝。

Love Snacks 1　歷久彌新，懷舊經典的新浪潮

103

Soft Flour Cake

零食

茶點

伴手禮

蔓越莓金磚瑪琪酥

✦ ✦ ✦ ✦

滿語裡薩其瑪是指「切成方塊後堆起來」的意思，也稱沙琪瑪、沙其馬。
演變至今多種口味外，還有以烘烤取代傳統油炸的方式，
讓古味點心展現別有的新風貌。

材料 *Ingredients*

成品數量
約可做 1 盤

模型工具
油鍋

保存期限
常溫 14 天

麵團

高筋麵粉⋯200g
碳酸氫銨⋯3g
全蛋⋯130g

A ┃ 麥芽糖⋯180g
　┃ 細砂糖⋯400g
　┃ 鹽⋯1g
　┃ 水⋯130g

B ┃ 熟南瓜子⋯50g
　┃ 熟白芝麻⋯20g
　┃ 蔓越莓乾⋯40g

＊碳酸氫銨（銨粉）：俗稱阿摩尼亞，常用於各式餅乾、麵食的製作，具有使製品膨大和酥脆的效果。

美味手帖 Plus

堅果（白芝麻、南瓜子）用烤盤150℃烤出香氣，或乾鍋小火炒至膨脹後使用。麵皮切成細絲狀，油炸膨脹後與糖漿混合時會較好拌勻。為避免切好的麵團細絲沾黏，可以撒上高筋麵粉稍撥鬆。

Love Snacks 1　歷久彌新，懷舊經典的新浪潮

作法 How to Make

● 攪拌麵團

01 高筋麵粉、碳酸氫銨混合過篩均勻，加入全蛋。

02 攪拌均勻成團至麵筋擴展。

> **POINT**
> 白芝麻、南瓜子鋪放烤盤，攤平，用烤箱以上下火150℃，烤約15分鐘；或用乾鍋小火炒至膨脹（香氣散出），保溫備用。

● 鬆弛

03 用保鮮膜將麵團包覆好。

04 靜置鬆弛約30分鐘。

● 擀壓整型

05 工作檯面撒上高筋麵粉，放上麵團。

06 用擀麵棍擀開麵團至厚度約0.3～0.4cm。

● 切長條

07 將作法❻裁切成長條狀。

● 切細

08 再重疊後切成粗細一致的細條狀。將切好的細條撒入少許高筋麵粉，用手上下抖動撥鬆開。

● 油炸

09 鍋中倒入油至半分滿，加熱至180℃，放入作法❽。

10 以中大火油炸。

11 用漏勺邊翻動邊炸至金黃，撈出、瀝乾油分。

POINT

油炸時應以熱油、中大火油炸,並不時的翻動炸至色呈金黃至熟。

● **煮糖漿**

12 將材料Ⓐ放入鍋中,以中火加熱煮至沸騰約116℃成黏稠狀。

→ **判斷方式**:可將糖漿滴入冷水中,若糖漿呈凝結軟球狀、不會散開即代表OK。

● **拌合糖漿**

13 將糖漿倒進作法⓫中迅速翻拌均勻。

POINT

糖漿與炸好的麵條應趁熱迅速拌勻,才不易散開。

● **拌入材料**

14 加入材料Ⓑ中的熟白芝麻。

15 加入蔓越莓乾。

16 先快速翻拌混合。

17 加入熟南瓜子混拌均勻。

● **整型**

18 深盤鋪上烘焙紙,倒入作法⓱攤開。

19 用擀麵棍稍壓平、冷卻定型。

● **切塊**

20 分切成2×2cm適口大小的塊狀,密封包裝。

Love Snacks 1　歷久彌新,懷舊經典的新浪潮

Square Cookie

零食

茶點

伴手禮

抹茶千層酥餅

★★★★

不同於傳統方塊酥的作法，而是結合白巧克力、抹茶，
以燒餅的手法成製出酥香的層次口感。
酥脆口感中帶有淡淡的抹茶香氣，帶點甜的味道，愈咀嚼愈香。

材料 Ingredients

成品數量
20個

模型工具
--

保存期限
室溫14天

油皮麵團

無鹽奶油…100g
糖粉…50g
蛋黃…20g
牛奶…30g
低筋麵粉…250g
抹茶粉…10g
鹽…1g

油酥糖餡 抹茶糖餡

白巧克力…40g
無鹽奶油…40g
抹茶粉…5g
奶粉…10g
細砂糖…10g
低筋麵粉…80g

美味手帖 Plus

方塊形狀，多層次的酥脆口感，故名「方塊酥」，方塊酥以香、脆、酥為特色，而此特色的最大關鍵在於反覆折疊的操作。有別於傳統方塊酥的作法，以微苦的抹茶融合白巧克力的香甜，重新詮釋方塊酥獨特的層次口感，吃起來香脆帶有酥感，與傳統方酥有不一樣的口感。千層酥脆的餅皮中，濃郁的抹茶味與甜味融合，可以感受到深邃的茶香，風味特別的抹茶千層酥餅。

Love Snacks 1　歷久彌新，懷舊經典的新浪潮

作法 How to Make

油酥糖餡／抹茶糖餡

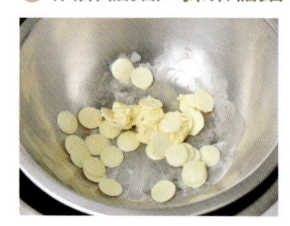

01 白巧克力放入小鋼盆裡，底部著裝有水的大鋼盆。

02 隔水加熱攪拌至融化。

03 加入其他材料混合攪拌均勻。

冷藏

04 放入塑膠袋中，冷藏靜置30分鐘。

油皮麵團

05 將所有材料用槳狀攪拌器攪拌。

06 攪拌均勻成光滑的麵團。

冷藏鬆弛

07 將麵團用保鮮膜包覆好拍平。

08 冷藏鬆弛30分鐘。

擀平油皮

09 工作檯面撒上高筋麵粉。將油皮麵團置於檯面，擀成長約油酥內餡的兩倍大的片狀，厚度約0.3cm。

油皮包油酥糖餡

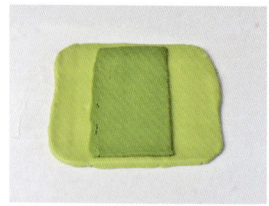

10 將作法❹鋪放在油皮的中間處。

11 將油皮兩邊的1/4往中間折疊。

12 密封包覆，冷藏鬆弛10～15分鐘。

13 作法⓬轉向橫放，用擀麵棍擀壓。

14 延壓擀平成厚度0.3cm長片狀。

● 3折1次

15 重複折疊的操作，將麵團兩邊的1/3往中間折疊，完成3折1次。

16 密封包覆，冷藏鬆弛10～15分鐘。

● 3折2次、3折3次

17 將作法⓰擀開成厚度0.3cm的長片狀。

18 重複折疊的操作3折2次、3折3次後，擀平擀開成厚度0.3cm的長片狀。

● 切長方塊

19 用滾輪刀先裁切成長條狀。

20 再裁切成寬2×長8cm的長塊狀。

● 放烤盤

21 整齊排放在網狀烤盤上。

● 烘烤

22 以上下火170℃，烘烤約18～20分鐘。

23 烤至表面金黃酥脆即可。

● 成品

24 完成。

Love Snacks 1　歷久彌新，懷舊經典的新浪潮

Square
Cookie

零食

茶點

伴手禮

黑糖千層酥餅

★ ★ ★ ★

以油皮、油酥糖餡的堆疊工藝，成製出多層次的酥香口感，
近來更注入新元素，結合養生穀物食材打造新食口感，翻轉傳統的創新好味！

作法 *How to Make*　　（製作參見P.110-111「抹茶千層酥餅」）

成品數量
20個

模型工具
--

保存期限
室溫14天

材料 *Ingredients*

油皮麵團

無鹽奶油…100g
黑糖…50g
蛋黃…20g
牛奶…30g
低筋麵粉…250g
奶粉…15g
鹽…1g

油酥糖餡 黑糖糖餡

黑糖粉…80g
無鹽奶油…40g
蜂蜜…10g
低筋麵粉…80g

01 **油酥糖餡／黑糖糖餡** 將所有材料混合攪拌均勻，放入塑膠袋中，冷藏靜置30分鐘。

02 **油皮麵團** 將所有的材料攪拌均勻成光滑的麵團。

03 **冷藏鬆弛** 將麵團用保鮮膜包覆好，冷藏鬆弛30分鐘。

04 **擀平油皮** 工作檯面撒上高筋麵粉。將油皮麵團置於檯面，擀成長約油酥內餡的兩倍大的片狀，厚度約0.3cm。

05 **油皮包油酥糖餡** 將作法❶鋪放在油皮的中間處，將油皮兩邊的1/4往中間折疊。密封包覆，冷藏鬆弛10～15分鐘。

06 將作法❺轉向橫放，延壓擀平成厚度0.3cm長片狀。

07 重複折疊的操作，將麵團兩邊的1/3往中間折疊，完成3折1次。密封包覆，冷藏鬆弛10～15分鐘。

08 將作法❼擀開成厚度0.3cm的長片狀。

09 重複折疊的操作3折2次、3折3次後，擀平擀開成厚度0.3cm的長片狀。

10 **切長方塊** 用滾輪刀裁切成寬2×長8cm的長塊狀。

11 **放烤盤** 整齊排放在網狀烤盤上。

12 **烘烤** 以上火190℃／下火170℃，烘烤約15分鐘，轉向再烤約10分鐘至表面金黃酥脆。

Square Cookie

零食

茶點

伴手禮

鹹蛋黃千層酥餅

★ ★ ★ ★

酥脆口感夾帶鹹蛋黃的香氣與甜味。
酥皮層次的獨特口感，融合鹹蛋黃的香氣與甜味，讓人一口接一口，超級唰嘴。

材料 Ingredients

成品數量
20個

模型工具
--

保存期限
室溫14天

油皮麵團
無鹽奶油…100g
糖粉…50g
蛋黃…20g
牛奶…30g
低筋麵粉…250g
奶粉…15g
鹽…1g

油酥糖餡 鹹蛋黃糖餡
熟鹹蛋黃…4顆
奶粉…10g
無鹽奶油…40g
蜂蜜…10g
細砂糖…10g
低筋麵粉…80g
黑芝麻…10g

Love Snacks 1　歷久彌新，懷舊經典的新浪潮

作法 How to Make

● 鹹蛋黃糖餡

01 鹹蛋黃放置鋪好烘焙紙的烤盤上，噴灑上少許米酒，用上下火160℃烘烤約8分鐘。將鹹蛋黃壓碎成細粉狀。

02 將作法❶與其他材料混合。

03 攪拌混合均勻。

● 冷藏鬆弛

04 放入塑膠袋中，冷藏靜置30分鐘，以利後續操作的內餡較好擀壓。

油皮包油酥糖餡參見「抹茶千層酥餅」

● 油皮麵團

05 將所有的材料攪拌均勻成光滑的麵團。

● 冷藏鬆弛

06 將麵團用保鮮膜包覆好,冷藏鬆弛30分鐘。

● 油皮包油酥糖餡

07 油皮包油酥糖餡的製作參見P110～111「抹茶千層酥餅」,作法9-17。擀開成厚度0.3cm的長片狀。

● 3折2次、3折3次

08 重複折疊的操作3折2次、3折3次後,擀平擀開成厚度0.3cm的長片狀。

● 切長方塊

09 用滾輪刀裁切成寬2×長8cm的長塊狀。

● 放烤盤

10 整齊排放在網狀烤盤上。

● 烘烤

11 以上下火170℃,烘烤約18～20分鐘。

12 烤至表面金黃酥脆。

POINT
低溫長時間的慢慢烘烤,才能呈現多層次的香氣風味。

● 成品

13 完成。

Love Snacks 2

新奇潮味
玩轉創意的新食趣

從視覺到味蕾食感，顛覆感官的新奇潮味的體驗。
不論大受歡迎的伴手禮，還是團購熱銷的特色名物，
讓你在家就能嘗盡來自世界各地的甜蜜滋味，
不用出國也能跟風，味遊各地最夯的食趣體驗。

Cookie

零食

茶點

伴手禮

巧克力麻糬餅

★ ★ ★ ★

鬆軟的巧克力餅乾裡，包藏著軟Q彈牙的麻糬夾心，
入口時軟糯適口，濃郁而不甜膩，滿足味蕾與心靈，讓人欲罷不能的點心。

材料 *Ingredients*

成品數量
10個

模型工具
--

保存期限
室溫5天

餅乾體
無鹽奶油…80g
黑糖…60g
全蛋…50g
可可粉…20g
中筋麵粉…130g
小蘇打粉…2g
鹽…1g

內餡 自製麻糬
糯米粉…50g
牛奶…50g
糖粉…10g
沙拉油…10g

表面用
巧克力豆…30g

作法 *How to Make*

自製麻糬

● 搓揉

01 麻糬的作法參見 P.55。將完成的麻糬搓揉成圓柱狀。

● 分割成小團

02 用刮板分切成每個重約12g的小團。

03 麻糬分割完成。

餅乾體

● 攪拌奶油

04 黑糖過篩，加入奶油、可可粉攪拌打至鬆發。

Love Snacks 2　新奇潮味，玩轉創意的新食趣

● 加入全蛋

● 加入粉類混合

● 搓長條

05 分次加入全蛋攪拌至融合。

06 加入小蘇打粉拌勻,再加入過篩的中筋麵粉、鹽攪拌均勻至無粉粒。

07 將麵團拌入少許中筋麵粉搓揉均勻。

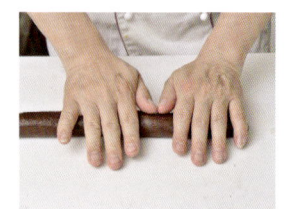

08 搓揉成圓柱狀。

● 分割、壓扁

● 包麻糬餡

● 整型

09 將麵團分割成10等份(30g)。

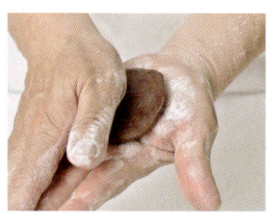

10 稍滾圓後按壓成扁圓狀。

11 將麵團中間包入麻糬(12g)。

12 捏緊收合整型成圓球狀。

● 按壓扁

● 放上巧克力

● 烘烤

13 呈間距放烤盤上,略微按壓平,用保鮮膜覆蓋,冷藏20分鐘待定型(冷藏可讓麵團定型外,也能避免出油)。

14 在餅乾體表面放上水滴巧克力。

15 完成表面巧克力的裝飾(或將水滴巧裝在容器裡,用沾裹的方式製作)。

16 以上下火170℃,烘烤約12～15分鐘至金黃酥脆。

Cookie

零食

茶點

伴手禮

Cookie 榛果巧克力夾心餅

榛果巧克力夾心餅

★★★★

酥鬆巧克力餅乾體,中間夾著厚實的榛果巧克力餡,
吃到巧克力餅乾的香氣同時,也享受到滿溢的榛果巧克力風味。

材料 Ingredients

成品數量
10組

模型工具
塑型模

保存期限
冷藏7天

餅乾體
無鹽奶油…250g
糖粉(或細砂糖)…100g
全蛋…100g
香草醬…3g
可可粉…30g
中筋麵粉…450g
鹽…2g

夾餡 榛果巧克力
黑巧克力…300g
鮮奶油…150g
無鹽奶油…20g
榛果醬…50g

作法 How to Make

使用模型

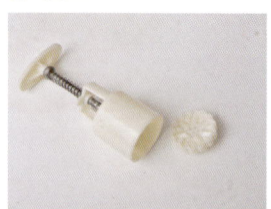

01 塑型模。

榛果巧克力

● 隔水加熱

02 所有材料放入鋼盆。

03 邊隔水加熱、邊攪拌至完全融合,離火。

● 滑順光澤

04 拌勻至滑順。待冷卻至半凝固的狀態(容易擠製塑型的軟硬度),冷藏備用。

餅乾體

● 攪拌奶油

05 奶油、糖粉攪拌打至顏色泛白的乳霜狀。

● 加入可可粉

06 加入過篩的可可粉混合拌勻（可可粉為油溶性與奶油先攪拌較容易混勻）。

● 加入全蛋

07 加入全蛋攪拌至融合。

● 加入香草醬

08 加入香草醬混合攪拌均勻。

● 加入粉類混合

09 加入混合過篩的中筋麵粉、鹽攪拌均勻至無粉粒。

● 冷藏鬆弛

10 取出麵團，聚集成團。用保鮮膜包覆，放冷藏鬆弛1小時。

● 分割

11 將麵團稍壓拌，搓揉長條，分割分成20g。

● 滾圓、塑型

12 將麵團滾圓後用塑型模具壓出花紋造型。

● 放烤盤

13 將餅乾麵團呈間距的排放在烤盤上。

● 烘烤

14 以上下火170℃，烘烤約12～14分鐘。

● 夾餡組合

15 待餅乾冷卻，在表面擠上榛果巧克力。

16 再覆蓋另一片餅乾。稍輕壓整型，冷藏20分鐘使其凝固定型。

Cookie
零食
茶點
伴手禮

Cookie 紅麴小花朵

Cookie 南瓜小花朵

Cookie 可可小花朵

Cookie 原味小花朵

小花朵夾心餅乾

★ ★ ★ ★

滿滿食趣的花朵外型相當吸睛！繽紛的色彩，可愛花朵外形，
夾層厚實的內餡，酥鬆口感滋味香甜，隨手來上一朵，小小甜食大大滿足。

材料 Ingredients

成品數量
30 組

模型工具
花形切模

保存期限
冷藏 7 天

餅乾體
無鹽奶油…250g
糖粉…80g
全蛋…50g
香草醬…2g
A ｜ 低筋麵粉…300g
　　 杏仁粉…50g
　　 鹽…1g
南瓜粉…10g
紅麴粉…10g
可可粉…8g

夾餡
無鹽奶油…100g
白巧克力…50g
奶粉…30g
食用花瓣（或果乾）…20g

Love Snacks 2　新奇潮味，玩轉創意的新食趣

作法 How to Make

使用模型

● 模型

01 花形切模。

夾餡

● 隔水融化

02 白巧克力隔水加熱融化，加入奶粉混合拌勻。

● 加入奶油混合

03 加入奶油拌勻，冷卻至半凝固的狀態（容易擠製塑型的軟硬度）。

餅乾體

● 攪拌奶油

04 奶油、糖粉攪拌打至顏色泛白的乳霜狀。

● 加入全蛋
05 加入全蛋攪拌至融合，加入香草醬拌均。

● 加入粉類混合
06 加入混合過篩的材料Ⓐ攪拌均勻至無粉粒。

● 四種口味
07 將攪拌好的麵團分成四等份（原味麵團）。

08 取一等份的原味麵團加入南瓜粉混合拌勻。

09 取一等份的原味麵團加入紅麴粉混合拌勻。

10 取一等份的原味麵團加入可可粉混合拌勻。

> **POINT**
> 風味粉末也可使用抹茶粉或紫薯粉等來變化風味色澤。

● 冷藏鬆弛
11 麵團分別按壓扁，用保鮮膜包覆，冷藏30分鐘。

● 壓切塑型／原味麵團
12 原味麵團用擀麵棍將麵團擀壓成厚度0.4cm的片狀，用花形切模壓出造型。

13 用花形切模壓出花樣造型。

14 完成花樣造型。

● 紅麴麵團
15 紅麴麵團擀成厚度0.4cm的片狀。

16 用花形切模壓出造型。

17 完成花樣造型。

● 南瓜麵團

18 南瓜麵團擀成厚度0.4cm的片狀。

19 用花形切模壓出造型。

● 可可麵團

20 完成花樣造型。

21 可可麵團擀成厚度0.4cm的片狀。

22 用花形切模壓出造型。

23 完成花樣造型。

● 放烤盤

24 再呈間距排放烤盤上。

● 烘烤

25 以上下火160℃，烘烤約12～15分鐘。

● 夾餡組合

26 待餅乾冷卻，用擠花袋（圓形花嘴），在表面擠上夾餡。

27 中間夾層可放果乾或花瓣，覆蓋另一片餅乾，冷藏30分鐘使其凝固定型。

Love Snacks 2　新奇潮味，玩轉創意的新食趣

127

Cookie

零食

茶點

伴手禮

酥粒沙布列餅

★★★★

奶香濃郁蓬鬆酥香,無論單吃或搭配夾心都美味!
填充整型的重點在於半整,但要保有鬆度,若壓太緊口感會變得太硬實,須注意。

材料 Ingredients

成品數量
8組

模型工具
直徑6cm圓形模框

保存期限
冷藏5天

餅乾體
無鹽奶油…80g
糖粉…40g
鹽…1g
蛋黃…20g
香草醬…1g
A | 低筋麵粉…100g
  | 杏仁粉…30g

內餡 奶油夾心餡
無鹽奶油…60g
白巧克力…40g
鮮奶油…10g
香草醬…少許

＊口味變化!麵團中添加抹茶粉5g或可可粉10g,可做成抹茶、可可口味。

作法 How to Make

使用模型

● 模型

01 直徑6cm圓形模框。

奶油夾心餡

● 攪拌混合

02 將白巧克力、鮮奶油隔水加熱融化,加入奶油、香草醬攪拌至滑順狀態。

餅乾體

● 攪拌奶油

03 奶油、糖粉、鹽攪拌打至顏色泛白的乳霜狀。

● 加入蛋黃

04 加入蛋黃攪拌至融合,加入香草醬拌勻。

Love Snacks 2 新奇潮味・玩轉創意的新食趣

● 加入粉類混合

05 加入混合過篩的材料Ⓐ攪拌均勻。

06 攪拌均勻至無粉粒。

● 冷藏鬆弛

07 取出麵團用保鮮膜包覆，冷藏鬆弛30分鐘。

● 壓成粗粒狀

08 將麵團稍壓拌混合均勻。

● 撥鬆

09 將麵團放在篩網上按壓成粗粒狀。

10 將作法❾撥鬆放烤盤上，用保鮮膜覆蓋，冷藏10分鐘使其定型，避免沾黏。

● 塑型

11 將粗粒麵團填入圓形模框中，稍壓平塑型。

12 等間距放置烤盤上，脫除模框。

POINT

模框中也可鋪放杏仁片，再填滿粗粒麵團。塑型時輕壓平即可，按壓太緊烤好後的口感會顯得硬實。

● 烘烤

13 以上下火150℃，烘烤約20分鐘，出爐，脫除模框。

● 夾餡組合

14 待冷卻，在表面擠上奶油夾心餡。

15 再覆蓋另一片完成組合。

Cookie

零食

茶點

伴手禮

Cookie
黑糖奶油夾心餅乾

黑糖奶油夾心餅乾

★★★★

香脆的餅皮裡夾著極厚的焦糖奶油夾心，黑糖餅乾體迷人的香氣，
香甜夾心層層驚喜，口感豐富飽滿不甜膩。

材料 Ingredients

成品數量
視大小

模型工具
擠花袋、鋸齒花嘴SN7104

保存期限
冷藏3天

餅乾體（黑糖風味）

無鹽奶油⋯100g
黑糖（或焦糖糖粉）⋯60g
全蛋⋯50g
中筋麵粉⋯180g
鹽⋯少許

夾餡 焦糖奶油餡

白巧克力⋯60g
鮮奶油⋯30g
市售焦糖醬⋯80g
無鹽奶油⋯40g

作法 How to Make

使用工具

焦糖奶油餡

● 工具

01 擠花袋、鋸齒花嘴SN7104。

● 隔水加熱

02 鮮奶油、白巧克力隔水加熱融化。

● 加入焦糖醬

03 焦糖醬、奶油攪拌均勻，加入作法❷混合拌勻。

● 放冷卻

04 待冷卻至半凝固的狀態（容易擠製塑型的軟硬度）。

餅乾體

● 攪拌奶油
05 奶油、黑糖放入攪拌缸，用槳狀攪拌器攪拌。

06 攪拌打至呈現乳霜狀。

● 加入全蛋
07 加入全蛋攪拌至融合。

● 加入粉類混合
08 加入混合過篩的中筋麵粉、鹽。

09 攪拌均勻至無粉粒成團。

● 冷藏鬆弛
10 將麵團按壓扁，用保鮮膜包覆，放冷藏30分鐘。

● 擀平
11 用擀麵棍將麵團壓成厚度0.4cm的片狀。

● 裁切整型
12 將麵團裁切3×6cm長方片（表層的餅乾體可壓紋、鏤空或紋路等裝飾）。

● 放烤盤
13 烤盤鋪放上烘焙紙，呈間距的排放上麵團。

● 烘烤
14 以上下火160℃，烘烤約12～15分鐘。

● 夾餡組合
15 待冷卻，用擠花袋（鋸齒花嘴），在餅乾表面擠上焦糖奶油餡。

16 覆蓋另一片餅乾。冷藏30分鐘凝固定型。

Cookie

零食

茶點

伴手禮

三層厚夾心餅乾

★ ★ ★ ★

結合兩種口味的沙布列餅乾體及夾層內餡，組合四層構造的層次口感，誘人的橫切面，多層口感的奢華體驗。

材料 Ingredients

成品數量
約10片

模型工具
U型槽模

保存期限
冷藏3天

沙布列餅乾體
無鹽奶油⋯200g
糖粉⋯80g
鹽⋯1g
蛋黃⋯40g
低筋麵粉⋯250g
杏仁粉⋯50g
A｜黑芝麻粉⋯10g
B｜抹茶粉⋯10g

內餡 抹茶奶油餡
白巧克力⋯100g
鮮奶油⋯50g
抹茶粉⋯5g

內餡 香草奶油餡
白巧克力⋯100g
鮮奶油⋯50g
香草醬⋯少量
鹽⋯少量

作法 How to Make

使用模型

● 模型

01 U型槽模。

夾餡

● 抹茶奶油餡

02 白巧克力隔水加熱融化，加入其他材料混合拌勻。

POINT
此種奶油餡質地較一般的甘納許穩定，可常溫保存。

● 香草奶油餡

03 白巧克力隔水加熱融化，加入其他材料混合拌勻。

Love Snacks 2　新奇潮味，玩轉創意的新食趣

作法 How to Make

餅乾體

● 攪拌奶油

04 奶油、糖粉、鹽放入攪拌缸，用槳狀攪拌器攪拌。

05 攪拌打至顏色泛白的乳霜狀。

● 加入蛋黃

06 加入蛋黃攪拌至完全融合。

● 加入粉類混合

07 加入過篩的杏仁粉混合拌勻。

08 加入過篩的低筋麵粉。

09 攪拌均勻至無粉粒。

● 下層／抹茶麵團

10 將麵團分成兩等份，取一等份加入抹茶粉。

11 搓揉混拌勻勻。

● 冷藏鬆弛

12 用保鮮膜包覆，冷藏鬆弛30分鐘。

● 上層／芝麻麵團

13 另一等份加入黑芝麻搓揉混拌均勻。

● 冷藏鬆弛

14 用保鮮膜包覆，冷藏鬆弛30分鐘。

● 整型

15 將黑芝麻麵團用麵棍擀壓平整。

16 擀平成方片狀。

17 裁切成同模型的大小。

18 將抹茶麵團用擀麵棍擀壓平整。

19 擀平成方片狀。

● 塑型、入模

20 裁切成同模型的大小，放在烘焙紙上。

21 鋁箔紙折出連續的「∧」狀，表面鋪放上黑芝麻麵皮。

22 再放入U型槽模中。

● 烘烤

23 將抹茶麵團、作法❷放在烤盤上，以上火200℃／下火160℃，烘烤約25分鐘，脫模。

● 夾餡組合

24 抹茶餅乾體（表面朝下）先擠上一層香草奶油餡。

25 再擠上一層抹茶奶油餡。

26 覆蓋上波浪紋的黑芝麻餅乾體組合成型。

27 冷藏定型，裁切成所需大小。

Cake

零食

茶點

伴手禮

黑巧克力夾心派

★★★★

綿密細緻,經典的巧克力派!柔軟綿密的巧克力蛋糕之間是兩種口感的巧克力夾心,外層以香濃滑順的巧克力包覆;用巧克力疊加的濃醇美味。

材料 Ingredients

成品數量
約14組

模型工具
圓形花嘴

保存期限
冷藏3天

蛋糕體
全蛋⋯150g
細砂糖⋯80g
牛奶⋯20g
沙拉油⋯20g
可可粉⋯10g
低筋麵粉⋯60g
泡打粉⋯1/2小匙

內餡 可可奶霜餡
黑巧克力⋯40g
鮮奶油⋯150g
糖粉⋯10g

內層餡 濃巧克力熔漿餡
黑巧克力⋯50g
鮮奶油⋯50g

外層 巧克力淋面
黑巧克力⋯150g
無鹽奶油⋯10g

作法 How to Make

可可奶霜餡

● 隔水融化　● 加入鮮奶油

01 黑巧克力隔水加熱至融化,待稍降溫。

02 加入鮮奶油、糖粉混合攪拌。

03 繼續攪打至可擠花的狀態。

> **POINT**
> 黑巧克力若用的是含糖的黑巧克力,就不需再加糖粉。可可奶霜餡質地較一般的甘納許穩定,可常溫保存。

Love Snacks 2　新奇潮味・玩轉創意的新食趣

濃巧克力熔漿餡

● 混合拌勻

04 鮮奶油加熱至微沸騰，沖入到黑巧克力中，靜置1分鐘後拌勻。

巧克力淋面

● 加熱融化

05 黑巧克力隔水加熱融化。

06 待降溫，加入奶油用均質機均質至乳化、光滑狀態。

蛋糕體

● 攪拌全蛋

07 全蛋、細砂糖放入攪拌缸，用球狀攪拌器攪拌。

08 攪拌打至顏色呈乳白的蓬鬆狀。

09 <mark>蛋糊拉起畫紋路會有明顯的痕跡</mark>。

● 拌勻可可液

10 將牛奶、沙拉油及過篩的可可粉，用打蛋器攪拌。

11 攪拌混合均勻，做成可可液。

● 混合拌勻

12 取1/3的作法❾先加入作法⓫中拌勻。

13 再倒入剩餘的作法❾混合拌勻。

● 加入粉類混合

14 加入混合過篩的低筋麵粉、泡打粉。

15 攪拌均勻至無粉粒。

● 畫出輪廓　　　● 擠入麵糊　　　● 烘烤　　　● 夾餡組合

16 用布丁杯模在烘焙紙上畫出圓形輪廓（直徑7cm），翻面使用。

17 將作法❺的麵糊裝入擠花袋（圓形花嘴），沿著圓形輪廓擠入麵糊。

18 以上下火170℃，烘烤約15〜18分鐘。

19 在底層蛋糕擠上可可奶霜餡。

● 冷藏定型、沾裹

20 中間再擠入濃巧克力熔漿餡。

21 蓋上上層蛋糕體，稍壓平。

22 冷藏10分鐘定型，放入裝有巧克力淋面的容器裡。

23 沾裹巧克力淋面，披覆整體。

● 成品

POINT
也可以撒篩上可可粉、巧克力屑裝飾，冷藏保存，風味更濃郁。

24 完成。

Love Snacks 2　新奇潮味，玩轉創意的新食趣

Cookie

零食

茶點

伴手禮

蜂蜜藥菓

★★★★

韓國當地知名的傳統點心。雖然稱為藥菓，但事實上，並沒有任何中藥材的成分，而是因為蜂蜜具有藥補強身的關係，所以被賦予藥菓的美名。

材料 *Ingredients*

成品數量
約20個

模型工具
塑型模具

保存期限
室溫7天

麵團
中筋麵粉⋯200g
芝麻油⋯50g
米酒⋯30g
蜂蜜⋯30g
薑汁⋯1小匙
鹽⋯少許

蜂蜜糖液
蜂蜜⋯3大匙
麥芽糖⋯2大匙
水⋯3大匙
肉桂粉⋯少許

作法 How to Make

使用模型

● 模型
01 塑型模型。

蜂蜜糖液

● 加熱煮沸
02 將所有材料混合拌勻，加熱煮沸即可。

麵團

● 攪拌混合
03 中筋麵粉過篩，加入其他所有的材料，混合攪拌均勻至成軟硬度適中的麵團。

● 揉拌成團
04 取出，搓揉均勻成團。

● 靜置鬆弛
05 將麵團用塑膠袋包好，置於室溫靜置30～60分鐘。

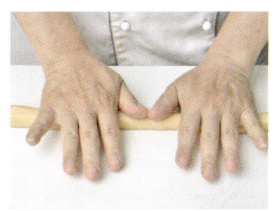

● 搓揉細長
06 取出麵團搓揉成長條狀。

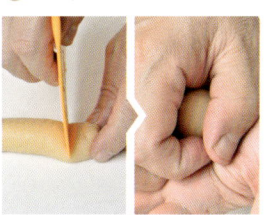

● 分割滾圓
07 用切麵刀將麵團分切成10g，放在掌心處滾圓。

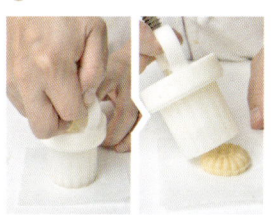

● 壓切塑型
08 用塑型模具壓出花紋造型，置於饅頭紙上。

● 油炸
09 油鍋140～150℃，放入作法❽，以中小火油炸，油炸兩面金黃、微硬。

**● **
10 用漏勺撈出、瀝乾油分。

● 浸泡糖液、瀝乾
11 趁熱放入蜂蜜糖液中，浸泡約30分鐘至吸收入味。取出瀝乾，放置鋪好烘焙紙的烤盤上。

● 烘烤
12 上下火150℃烤5分鐘至表面稍變乾（或放通風處風乾約1小時即可享用）。

Love Snacks 2　新奇潮味，玩轉創意的新食趣

Cracker

零食

茶點

伴手禮

蜂蜜蛋糕脆餅

★ ★ ★ ★

蜂蜜蛋糕變身全新登場，脆脆的吃。
濃郁的蜂蜜香氣，酥脆又迷人的口感，隨時都能享用的高質感日常點心。

材料 *Ingredients*

成品數量
1條量

模型工具
方型模

保存期限
室溫14天

蛋糕體

全蛋⋯100g
細砂糖⋯40g
鹽⋯3g
蜂蜜⋯40g

牛奶⋯30g
香草醬⋯2g
無鹽奶油⋯30g
低筋麵粉⋯100g

＊或直接使用市售的蜂蜜蛋糕，切薄片後烘烤酥脆。

作法 How to Make

蛋糕體

● 攪拌蛋糕
01 全蛋、細砂糖、鹽攪拌打至顏色泛白的蓬鬆狀。

● 加入蜂蜜、牛奶 
02 加入蜂蜜、牛奶、香草醬攪拌混合均勻。

● 加入奶油 
03 加入事先融化的奶油攪拌融合。

● 加入粉類混合 
04 加入過篩的低筋麵粉攪拌均勻。

● 倒入模型 
05 將作法❹的麵糊，倒入鋪好烘焙紙的模型中，用刮刀抹平表面。

● 烘烤 
06 以上下火180℃／下160℃，烘烤約20～25分鐘。

● 待冷卻 
07 出爐，撕除烘焙紙、冷卻。

08 切成細條狀，靜置風乾一晚，切成片狀。

● 烘烤成餅乾 
09 呈間距排放在鋪好烘焙紙的烤盤上。

10 以160℃烘烤約10～12分鐘。

11 烤至表皮微酥即可（二次烘烤，口感會更酥脆）。

● 成品 
12 完成。

Cracker

零食
茶點
伴手禮

布朗尼蛋糕脆餅

★★★★

創新口感的新吃法！經二次烘烤後形成脆口的可可酥餅；
爽口酥脆與原本濕潤蛋糕有截然不同的口感，酥、脆、香，滿足您的口感味蕾。

成品數量
6吋蛋糕體

模型工具
6吋圓形模

保存期限
室溫14天

材料 Ingredients

蛋糕體

無鹽奶油⋯100g
細砂糖⋯80g
全蛋⋯50g
苦甜巧克力⋯100g

A
可可粉⋯20g
中筋麵粉⋯100g
泡打粉⋯2g
鹽⋯2g

＊可以直接使用市售的布朗尼蛋糕，切薄片後烘烤酥脆。

作法 How to Make

蛋糕體

● 攪拌奶油 
01 奶油、細砂糖攪拌至顏色泛白的乳霜狀。

● 加入全蛋 
02 加入全蛋攪拌至完全至融合。

● 加入融化巧克力 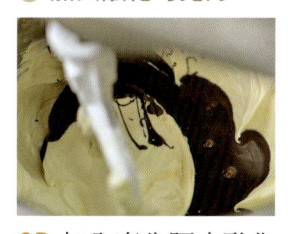
03 加入事先隔水融化的苦甜巧克力混合拌勻。

● 混合粉類拌勻 
04 加入混合過篩的材料Ⓐ攪拌混合均勻。

● 冷藏鬆弛 
05 放入鋼盆中，用保鮮膜覆蓋，冷藏30分鐘。

● 烘烤 
06 倒入圓形模中，以上火200℃／下火170℃，烘烤約30～40分鐘，脫模。

● 切片 
07 蛋糕分成長條，再切成長片狀。

● 放烤盤 
08 呈間距的排放鋪好烘焙紙的烤盤上。

● 烘烤 
09 再次烘烤，以上下火160℃，烘烤約12～15分鐘。

10 中途翻面，讓兩面烘烤均勻至表面酥脆。

● 成品 
11 完成。

Cracker

低卡
零食

茶點

伴手禮

可可肉桂貝果脆片

★★★★

使用可可貝果加上特製的風味調醬，經以低溫烘烤，打造出別有的層次風味，濃郁的可可風味中又有黑糖與肉桂的迷人香氣，非常的酥脆美味。

成品數量
1個貝果量

模型工具
--

保存期限
室溫14天

材料 Ingredients

可可貝果（P.150）…1個

A
- 可可粉…20g
- 黑糖…20g
- 肉桂粉…3g
- 無鹽奶油…50g

作法 How to Make

● 切薄片
01 可可貝果（製作參見P.150～151）切成厚度0.5cm的薄片狀。

● 肉桂奶油醬
02 奶油隔水加熱融化，加入其餘的材料Ⓐ混合拌勻。

● 放烤盤
03 可可貝果片呈間距的排放在烤盤上（可將貝果片沾裹肉桂奶油醬後排放烤盤中）。

● 塗刷醬、烘烤
04 用毛刷沾取肉桂奶油醬，塗刷兩面，以上下火160℃，烘烤10～12分鐘。

● 二次烘烤
05 噴上或再刷上肉桂奶油醬，風味更濃郁。

06 翻面續烤約5分鐘（冷卻後越放越酥脆。食用時也可以沾佐優格或牛奶食用）。

Love Snacks 2　新奇潮味，玩轉創意的新食趣

BASIC

基礎 巧克力貝果／原味貝果

材料 Ingredients

巧克力麵團（約11個）

高筋麵粉…500g
細砂糖…40g
鹽…5g
奶粉…20g
水…300g
速容酵母…4g
可可粉…30g

汆燙用糖水

水…500g
細砂糖…50g

＊原味貝果麵團不加可可粉，其它材料相同。

作法 How to Make

巧克力麵團

● 溶解酵母

01 將乾性酵母、水攪拌融解。

● 攪拌混合

02 將作法❶、其他所有材料放入攪拌缸。

03 用勾狀攪拌器攪拌至麵團呈厚膜。

● 發酵

04 麵團用保鮮膜覆蓋好，基本發酵40分鐘。將麵團分割成80g、滾圓，中間發酵15～20分鐘。

● 整型

05 麵團稍壓扁，擀成長條狀、翻面。

06 橫向放置，近身側稍延壓開，幫助黏合。

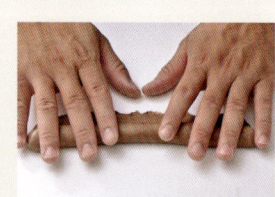

07 從前側往下捲起至底。

150

08 用手掌底部按壓使其密合。

09 延展搓長整型。

10 將麵團的一端稍剪開後向兩邊撐開。

11 用擀麵棍稍擀開。

12 從一端繞圈,將扁平的麵團覆蓋在另一端的麵團上。

13 兩端黏接密合,收口處捏緊。

● 最後發酵

14 將麵團放在饅頭紙上,最後發酵40分鐘。

● 氽燙用糖水

15 將所有材料混合拌勻,加熱煮至沸騰。

● 氽燙

16 將麵團放入熱水中,取除饅頭紙。

17 正反面分別氽燙10秒。

● 瀝乾水分

18 撈起瀝乾水分。

● 烘烤

19 以上火200℃／下火180℃,烘烤16～18分鐘。

Love Snacks 2　新奇潮味,玩轉創意的新食趣

151

Cracker

低卡零食

茶點

伴手禮

蜂蜜奶油貝果脆片／玉米濃湯風味貝果脆片

✦ ✦ ✦ ✦

將原味貝果切片簡單的調味，利用低溫烘烤製作，濃郁的風味與酥脆的口感，香脆又有飽感，怎麼吃都無負擔。低熱量低卡又美味，健康零食的新選擇。

材料 Ingredients

成品數量
每種口味1個

模型工具
--

保存期限
室溫 14 天

原味貝果（P.150）…2個

蜂蜜奶油風味
無鹽奶油…20g
蜂蜜…30g

玉米濃湯風味
玉米濃湯粉（市售）…10g
奶粉…5g
細砂糖…10g
無鹽奶油…20g
鹽…2g

作法 How to Make

蜂蜜奶油

● 原味貝果 
01 原味貝果的製作參見P.150～151。

● 切薄片 
02 切成厚度0.5cm的薄片狀。

● 蜂蜜奶油 
03 奶油隔水加熱融化，加入蜂蜜混合拌勻。

● 放烤盤 
04 將貝果片呈間距的排放在烤盤上（也可將貝果片沾裹蜂蜜奶油醬後排放烤盤中）。

● 塗刷醬、烘烤 
05 用毛刷沾取蜂蜜奶油，塗刷兩面，以上下火160℃，烘烤10～12分鐘。

● 二次烘烤 
06 噴上或刷上蜂蜜奶油，翻面續烤約5分鐘。

● 成品 
07 蜂蜜奶油貝果脆片。

玉米濃湯醬

● 玉米濃湯醬 
08 奶油隔水加熱融化，加入其餘的材料混合拌勻。

● 塗刷醬、烘烤 
09 參見「蜂蜜奶油貝果脆片」作法1-6，塗刷玉米濃湯醬烘烤完成。

● 調味 
10 最後將烤好的貝果片、玉米濃湯粉放入塑膠袋中。

11 搖晃數次充分混合均勻。

● 成品 
12 玉米濃湯風味貝果脆片。

Flat Croissant

零食

茶點

伴手禮

Flat Croissant
可可口味

Flat Croissant
抹茶口味

Flat Croissant
原味

扁可頌

★ ★ ★ ★

顛覆造型與口感印象的扁可頌！極薄的厚度就像是在吃餅乾，酥脆香甜，極富層次口感。
直接單吃或淋上蜂蜜，夾入冰淇淋都非常的對味。

成品數量
10個

模型工具
--

保存期限
室溫7天

材料 Ingredients

可頌麵團

A
- 高筋麵粉…250g
- 低筋麵粉…100g
- 速溶酵母…5g
- 細砂糖…30g
- 鹽…5g
- 牛奶…180g
- 無鹽奶油…20g

B
- 片狀奶油…150g

表面用
- 可可口味（細砂糖、可可粉）
- 抹茶口味（細砂糖、抹茶粉）
- 肉桂粉（依喜好添加）

Love Snacks 2　新奇潮味，玩轉創意的新食趣

作法 How to Make

● 攪拌、基本發酵

01 將所有材料放入攪拌缸，用勾狀攪拌器攪拌均勻。

02 攪拌成光滑麵團，用塑膠袋包覆，基本發酵40分鐘。

● 擀片狀奶油

03 用擀麵棍延壓片狀奶油，冷藏。

● 裹入片狀奶油

04 將麵團擀成片狀奶油的兩倍長。

155

05 在麵團中間放上片狀奶油。

06 將一邊1／4麵團往中間折疊。

07 將另一邊1／4麵團往中間折疊，包覆片狀奶油。

08 將接合處捏緊，擀壓成長片狀。

● 3折1次

09 將麵團一邊1/3往中間折疊。

10 另一邊的1/3往中間折疊，完成3折1次。

11 密封包覆，冷藏鬆弛30分鐘。

12 將作法⓫擀壓成長片狀。

● 3折2次

● 3折3次

● 擀開尺寸

● 裁切整型

13 重複3折1次，完成第2次。密封包覆，冷藏鬆弛10～15分鐘。擀壓成長片狀。

14 重複3折1次，完成第3次。密封包覆，冷藏鬆弛10～15分鐘。

15 將麵團擀壓展開成厚度0.4cm的長片狀。

16 裁切成底12cm×高20cm（三角形）。

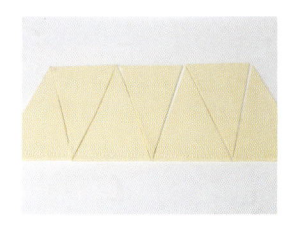

17 裁切成三角形。

18 從底部往前捲折。

19 順勢捲折到底，成可頌狀。

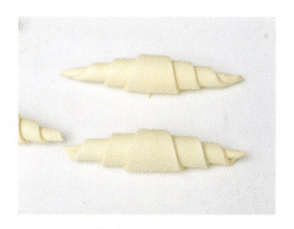

20 收合於底，完成可頌的整型。

● 最後發酵

21 放在烤盤，最後發酵60分鐘。

● 壓扁

22 表面覆蓋烘焙紙，再壓蓋上烤盤。

23 平均的施力，壓成扁平狀。

● 烘烤

24 壓蓋烤盤，以上火180℃／下火160℃，烘烤約18～22分鐘，至表面金黃酥脆。

● 風味砂糖

25 混合細砂糖、風味材料，做成風味砂糖。

● 塗糖粉

26 將可頌薄刷奶油。

● 撒風味糖

27 撒上可可風味糖。

28 撒上抹茶風味糖。

Love Snacks 2　新奇潮味，玩轉創意的新食趣

157

BASIC

基礎 千層麵團

應用：千層麵團系列

材料 Ingredients

麵團

A
- 高筋麵粉…550g
- 低筋麵粉…200g
- 全蛋…30g
- 細砂糖…15g
- 鹽…12g
- 牛奶…120g
- 水…200g
- 無鹽奶油…130g

B
- 片狀奶油…400g

作法 How to Make

● 攪拌麵團

01 將所有材料，用勾狀攪拌器攪拌均勻。

02 攪拌均勻成光滑麵團。

→擴展階段。

● 冷藏鬆弛

03 將麵團拍壓平用塑膠袋包覆，冷藏鬆弛30分鐘。

● 擀片狀奶油

04 用擀麵棍延壓片狀奶油，冷藏。

● 裹入片狀奶油

05 將麵團擀成片狀奶油的兩倍長。

06 在麵團中間放上片狀奶油。

07 將一邊1／4麵團往中間折疊。

08 再將另一邊1／4麵團往中間折疊，包覆片狀奶油。

09 將接合處捏緊，擀壓。

10 擀壓平成長片狀。

● 3折1次

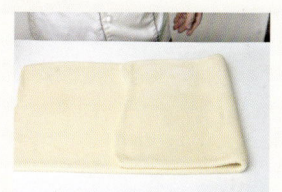

11 將麵團一邊1/3往中間折疊。

12 另一邊的1/3往中間折疊，完成3折1次。

13 密封包覆，冷藏鬆弛10～15分鐘。

14 將作法⓭擀壓成長片狀。

● 3折2次

● 3折3次

● 擀開

15 重複3折1次，完成第2次。密封包覆，冷藏鬆弛10～15分鐘。擀壓成長片狀。

16 重複3折1次，完成第3次。密封包覆，冷藏鬆弛10～15分鐘。

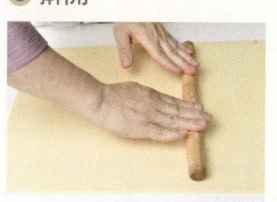

17 將麵團擀壓延展開。

18 展開成所需厚度的長片狀。

Love Snacks 2　新奇潮味，玩轉創意的新食趣

Puff Pastry

零食

茶點

伴手禮

杏仁千層酥

★ ★ ★ ★

層層堆疊出蓬鬆酥脆的口感！外層金黃酥脆、內部鬆軟，結合外層覆滿的杏仁片，堅果香氣與奶油香氣交織，多層次的酥脆質地，吃進嘴裡的每一口都是驚喜。

材料 Ingredients

成品數量
60 片

模型工具
--

保存期限
室溫 14 天

千層麵團（P.158）
36×35cm…1片

糖霜
糖粉…160g
蛋白…40g
鹽…2g

表面用
杏仁片…100g

作法 How to Make

糖霜

● 攪拌蛋白
01 蛋白攪拌打發至起粗泡。

● 混合攪拌
02 加入過篩的糖粉、鹽,攪拌打至有亮澤的濃稠狀。

千層麵團

● 擀壓麵團
03 將千層麵團擀壓成厚度約0.3cm片狀。

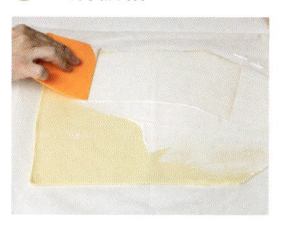

● 塗刷糖霜
04 千層麵團的表面,薄刷一層糖霜(<u>經烘烤後更色澤金黃、口感酥脆</u>)。

05 完成糖霜的塗刷。

● 撒杏仁片
06 在表面均勻的撒上杏仁片。

07 用手輕輕按壓,讓杏仁片緊貼麵團(不會脫落)。

08 放入冰箱冷藏凍硬。

● 切割整型
09 將杏仁千層裁切成長6×寬3.5cm(可依喜好裁切成長條形、菱形或其他造型)。

● 放烤盤
10 將作法❾呈間距的排放烤盤上。

● 烘烤
11 以上下火180℃,烘烤約15～20分鐘。

12 烤至表面金黃酥脆。

Love Snacks 2 新奇潮味,玩轉創意的新食趣

Puff Pastry

零食

茶點

伴手禮

咖啡千層酥

★ ★ ★ ★

細膩的工序呈現出細緻的口感，咖啡糖霜與奶油千層的交織，
一層層的香甜酥脆，加上杏仁角的口感，吃來滿足過癮。

材料 Ingredients

成品數量
80片

模型工具
--

保存期限
室溫14天

千層麵團（P.158）
32×40cm…1片

咖啡糖霜

A
| 糖粉…160g
| 蛋白…40g
| 鹽…2g

B | 咖啡粉…5～10g

表面用
細砂糖…50g
杏仁角…100g

162

作法 How to Make

咖啡糖霜

● 混合拌勻

01 糖霜製作參見P.160作法1-2。

02 將完成的糖霜加入咖啡粉混合拌勻，即成咖啡糖霜。

千層麵團

● 擀壓麵團

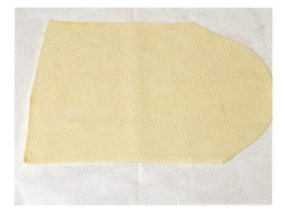

03 用擀麵棍將千層麵團擀壓成厚度約0.3cm片狀。

● 塗刷糖霜

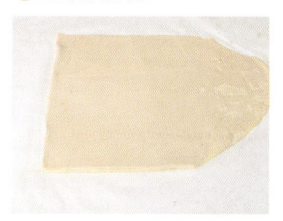

04 用毛刷沾取咖啡糖霜，在千層麵團的表面，薄刷一層（經烘烤後更色澤金黃、口感酥脆）。

● 撒細砂糖

05 在表面先撒上細砂糖。

● 撒杏仁角

06 接著撒上杏仁角。

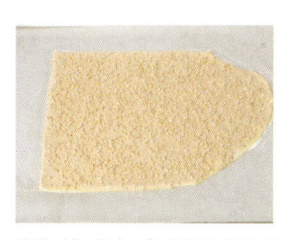

07 使杏仁角緊貼麵團上（不會脫落），冷藏冰硬。

● 切割整型

08 將作法❼裁切成長4×寬4cm。

● 放烤盤

09 將作法❽呈間距（1cm）排放烤盤上。

● 烘烤

10 以上下火180℃，烘烤約15～20分鐘。

11 烤至表面金黃酥脆。

● 成品

12 完成。

Love Snacks 2　新奇潮味，玩轉創意的新食趣

Puff Pastry

零食

茶點

伴手禮

焦糖千層酥

★ ★ ★ ★

千層餅皮層層分明、入口即化，表層覆蓋一層薄薄的糖霜與焦糖，菱格的焦糖線條與糖霜帶出優雅的氣息，甜而不膩且帶有焦糖香氣。

成品數量
100 片

模型工具
--

保存期限
室溫 14 天

材料 Ingredients

千層麵團（P.158）
30×30cm…1 片

糖霜
糖粉…160g
蛋白…40g
鹽…2g

焦糖醬
細砂糖…50g
水…15g
鮮奶油…50g

作法 How to Make

糖霜

● 攪拌混合

01 蛋白攪拌打發至起粗泡，加入過篩的糖粉、鹽。

02 繼續攪拌打至有亮澤的濃稠狀。

焦糖醬

● 煮焦糖

03 細砂糖放入小鍋中，以小火加熱。

04 熬煮至糖溶化、顏色呈金黃。

Love Snacks 2　新奇潮味，玩轉創意的新食趣

165

● 加入水
05 慢慢的加入水混合拌勻。

● 加入鮮奶油
06 加入鮮奶油攪拌混合拌勻。

07 直至形成濃稠的焦糖醬,離火,放涼備用。

> **POINT**
> 判斷方式:可將焦糖醬滴入冷水中,若糖漿呈凝結軟球狀、不會散開即代表OK。
>
> OK　　NG

千層麵團

● 擀壓麵團
08 用擀麵棍將千層麵團擀壓成厚度約0.3cm片狀。

● 塗刷糖霜
09 用毛刷沾取糖霜,在千層麵團的表面,薄刷一層(<u>經烘烤後更色澤金黃、口感酥脆</u>)。

> **POINT**
> 塗刷時四周邊要預留,不要太靠近邊緣,否則糖霜容易溢出。

● 冷藏
10 將作法❾冷藏冰硬(較好操作不沾黏)。

● 切割整型
11 在作法❿的表面隔著一張烘焙紙,裁切成長3×寬3cm,冷藏冰硬。

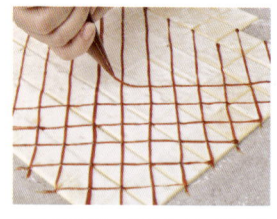

● 擠焦糖醬
12 取除表層的烘焙紙,在表層呈對角的擠上適量的焦糖醬,畫出菱格紋路。

● 烘烤
13 將作法⓬呈間距(1cm)排放烤盤上。

14 以上下火170℃,烘烤約20～25分鐘至表面金黃酥脆,側面的層次明顯。

Puff Pastry

零食

茶點

伴手禮

Puff Pastry
楓葉千層酥派

楓葉千層酥派

★★★★

酥鬆的千層酥皮，以楓葉造型成型，展現出獨特的香甜氣息。
馥郁的奶香，加上砂糖顆粒，多層次的輕盈酥脆，口感與味覺的雙重享受。

材料 Ingredients

成品數量
30片

模型工具
楓葉造型切模

保存期限
室溫14天

千層麵團（P.158）
40×40cm…1片

表面用
蛋白…1顆
細砂糖…適量

作法 How to Make

使用模型　千層麵團

● 模型

01 楓葉造型切模。

● 擀壓麵團

02 用擀麵棍將千層麵團擀壓成厚度約0.3cm片狀。

● 壓切整型

03 用楓葉切模按壓（從麵團的邊角開始壓切可減少麵團的損耗）。

04 按壓出楓葉造型。

● 放烤盤
05 將作法❹呈間距（1cm）排放烤盤上。

● 塗刷蛋白
06 在千層麵團的表面，薄刷一層蛋白。

● 沾砂糖
07 接著沾裹上細砂糖。

08 將作法❼呈間距（1cm）排放烤盤上。

● 烘烤
09 以上火200℃／下火170℃，烘烤約20～25分鐘。

10 烤至表面金黃酥脆。

● 完成
11 楓葉千層酥派。也可以在兩片中夾入楓糖卡士達醬，做成夾心餅乾享用。

美味加映　楓糖卡士達醬

- **材料**：牛奶250g、楓糖漿40g、蛋黃40g、細砂糖30g、玉米粉20g、無鹽奶油20g
- **作法**：將牛奶加熱至溫熱加入楓糖漿混合攪拌。另將蛋黃、細砂糖、玉米粉攪拌混合均勻。接著將1/3的楓糖牛奶加入到蛋黃糊中混合，然後再倒回剩餘的楓糖牛奶中拌勻後再小火加熱回煮，邊攪拌邊加熱至呈濃稠狀，離火。最後加入奶油攪拌至融合，放涼後冷藏備用。

Love Snacks 2　新奇潮味，玩轉創意的新食趣

Puff Pastry

零食

茶點

伴手禮

Puff Pastry 抹茶夾心千層酥派

Puff Pastry 草莓甜心千層酥派

抹茶夾心千層酥派／草莓甜心千層酥派

★★★★

內餡含藏在酥鬆的夾層裡，豐盈了整體的口感層次，
每一口都可以享受到酥脆香甜的好滋味。
適口的大小，能一口吃到酥鬆香甜的美味。

成品數量
60片

模型工具
--

保存期限
室溫7天

材料 Ingredients

千層麵團（P.158）
30×30cm…2片

抹茶卡士達醬
牛奶…250g
抹茶粉…5g
蛋黃…40g
細砂糖…50g
玉米粉…20g
無鹽奶油…20g

夾心餡
草莓醬…適量

美味手帖 Plus

自製千層麵團使用外，也可使用市售的冷凍起酥片（冷凍酥皮）來製作。冷凍起酥片經過烘烤後會呈現出多層次的酥鬆口感。用途多元，可以用來製作各式各樣的製品，像是酥脆可口的酥皮類點心，蘋果派、杏仁條、蝴蝶酥等等，輕鬆就能享受剛出爐的濃厚酥鬆的口感風味。

Love Snacks 2　新奇潮味，玩轉創意的新食趣

作法 How to Make

抹茶卡士達餡

● 煮抹茶牛奶 
01 將牛奶倒入鍋中加熱至沸騰,加入抹茶粉攪拌溶解均勻。

● 攪拌蛋黃糊 
02 另取鋼盆放入蛋黃、細砂糖、玉米粉混合攪拌。

● 混合、回煮 
03 將1/3的作法❶加入作法❷中混合拌勻。接著再倒回剩餘的作法❶中混合,以小火回煮至濃稠狀,離火。

● 拌入奶油 
04 加入奶油攪拌融合,放涼後冷藏備用。

千層麵團

● 擀壓麵團 
05 用擀麵棍將千層麵團擀壓成厚度約0.3cm片狀。

● 切割整型 
06 將千層麵團裁切成3×5cm。

● 中間劃刀 
07 千層麵團分成兩等份。將一等份麵團,在中間處直劃一刀(兩邊預留不切斷)。

● 塗刷水 
08 將千層麵團的表面(沒劃刀)薄刷上水。

● 抹茶卡士達醬 
09 抹茶卡士達醬。

10 在麵團(沒劃刀)的中間擠上抹茶卡士達醬。

11 蓋上另一片(有劃刀)組合。

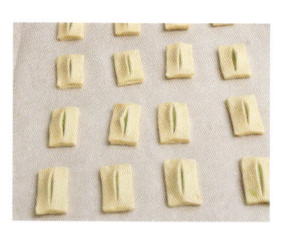

12 組合完成。

● 烘烤

13 以上下火180℃，烘烤約20～25分鐘至表面金黃酥脆。

● 抹茶夾心千層酥派

14 完成。

● 草莓醬

15 使用市售的草莓醬（或藍莓醬）。

16 在麵團（沒劃刀）的中間擠上草莓醬。

17 蓋上另一片（有劃刀）組合。

18 組合。

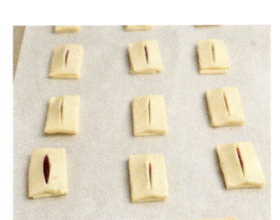

● 烘烤

19 以上下火180℃，烘烤約20～25分鐘至表面金黃酥脆。

● 草莓甜心千層酥派

20 完成。

美味加映　焦糖蘋果餡

也可以搭配焦糖蘋果餡，做成蘋果酥派，不過裁切時的尺寸，建議要稍微再大些，會比較好製作。

- 材料：
  Ⓐ 蘋果1～2個（青蘋果或富士蘋果）
  Ⓑ 無鹽奶油20g、細砂糖50g、肉桂粉1小匙、檸檬汁1小匙、玉米粉1小匙
- 作法：將蘋果削皮去核，切成小丁狀。熱鍋放入奶油加熱融化，加入蘋果丁，小火加熱拌炒約2分鐘。再加入細砂糖、肉桂粉混合拌炒約3～5分鐘，直至糖融解且開始變成焦糖色，接著淋入檸檬汁，加入玉米粉翻炒約1分鐘收稠至濃稠狀，離火，放涼備用。

Love Snacks 2　新奇潮味，玩轉創意的新食趣

Palmier

零食

茶點

伴手禮

抹茶相思如意酥

★★★★

蝴蝶酥（如意酥）是源於法國的經典甜點。
蝴蝶餅之名是來自於美麗的外觀，就像翩翩起舞的蝴蝶而來。
層層餅皮中蘊含抹茶香，甘甜紅豆、濃厚茶味與細緻奶香的完美結合。

材料 Ingredients

成品數量
60片

模型工具
--

保存期限
室溫7天

抹茶千層

抹茶麵團

A
- 高筋麵粉…55g
- 低筋麵粉…20g
- 抹茶粉…5g
- 全蛋…3g
- 細砂糖…1.5g
- 鹽…1.2g
- 牛奶…12g
- 水…20g
- 無鹽奶油…13g

B
- 千層麵團 (P.158)
- 30×25cm…1片

內層 抹茶風味糖霜
- 蛋白…20g
- 細砂糖…40g
- 抹茶粉…15g

內層 夾心餡
- 蜜紅豆粒…100g

抹茶風味糖
- 細砂糖…40g
- 抹茶粉…10g

美味手帖 Plus

法式甜點蝴蝶酥（Palmier）是相當經典的酥皮類點心，製作上是以多層次的折疊工法製作而成。經烘烤後的千層麵皮層次會由中間展開，形成如愛心的形狀。蝴蝶酥的層次主要是來自麵皮經過反覆折疊的過程，此過程讓麵皮層與奶油層層疊加，形成薄而酥脆的層次，在烘烤後，奶油受熱膨脹將麵皮撐開，形成獨特的層次結構與口感酥脆的酥皮。

作法 How to Make

抹茶風味糖霜

● 攪拌蛋白

01 蛋白攪拌打發至起粗泡。

02 加入細砂糖攪拌融解。

● 加入抹茶粉

03 加入過篩的抹茶粉。

04 混合攪拌均勻，即成抹茶風味糖霜。

抹茶麵團

● 攪拌抹茶麵團

05 將所有材料攪拌混合均勻成團。

● 基本發酵

06 抹茶麵團滾圓，基本發酵30分鐘，拍壓平，用塑膠袋包覆冷藏。

抹茶千層

● 擀壓千層麵團

07 將千層麵團擀壓成厚度約0.3cm片狀。

● 抹茶麵團

08 抹茶麵團擀壓成同千層麵團片狀的大小。

● 重疊擀壓

09 將抹茶麵團表面上鋪放作法❼的千層麵團，延壓成30×25cm片狀。

● 塗抹風味糖霜

10 在作法❾的表面塗抹抹茶風味糖霜。

● 撒上蜜紅豆

11 撒上蜜紅豆粒，使其分布均勻。

● 整型如意狀

12 從長側的一邊往中間捲折。

13 再從長側的另一邊往中間捲折。

14 捲折至中央,讓兩側在中央對齊。

15 成兩邊對稱的長條狀。

● 冷凍定型

16 用塑膠袋包覆好,放冷凍20～30分鐘,待稍變硬,方便切割。

● 切片狀

17 將麵團切成厚約0.8～1cm片狀。

● 放烤盤

18 呈間距的排放鋪好烘焙紙的烤盤上。

POINT
酥派餅皮間預留間距有足夠的膨脹空間。在表面塗刷上蛋液,可讓烘烤色澤更金黃。

● 烘烤

19 以上下火180℃,烘烤約20～25分鐘。

20 烤至表面金黃酥脆。

● 抹茶風味糖

21 將所有的材料混合均勻,即成抹茶風味糖。

● 美味變化

22 待冷卻,塗抹奶油。

23 沾上抹茶風味糖,增加風味。

Love Snacks 2　新奇潮味,玩轉創意的新食趣

177

Palmier
零食
茶點
伴手禮

拿鐵酥心如意酥

★★★★

多層次的折疊工藝，展現獨特的夾餡口感。
濃醇拿鐵風味，交織肉桂香氣，多層次味蕾享受，每一口都超級滿足。

成品數量
60片

模型工具
--

保存期限
室溫7天

材料 Ingredients

千層麵團（P.158）
30×25cm…1片

內層 拿鐵風味糖霜
蛋白…10g
即溶咖啡粉…5g
細砂糖…40g
奶粉…10g

內層 咖啡肉桂糖
細砂糖…50g
即溶咖啡粉…5g
肉桂粉…2.5g

Love Snacks 2　新奇潮味，玩轉創意的新食趣

作法 How to Make

拿鐵風味糖霜

● 攪拌蛋白　　● 混合拌勻

01 蛋白攪拌打發至起粗泡。

02 加入咖啡粉攪拌融解。

03 加入細砂糖攪拌至糖融解。

04 加入奶粉。

| 咖啡肉桂糖 | 拿鐵千層 |

● 混合

05 混合攪拌均勻,即成拿鐵風味糖霜。

06 將所有的材料混合均勻。

● 擀壓千層麵團

07 將千層麵團擀壓成厚度約0.3cm片狀,裁切平整成30×25cm。

● 塗抹拿鐵風味糖霜

08 在作法❼的表面塗抹一層拿鐵風味糖霜、撒上咖啡肉桂糖,稍放置讓糖霜均勻附著酥皮上。

● 整型如意狀

09 從長側的一邊往中間捲折。

10 再從長側的另一邊分別往中間捲折。

11 捲折至中央,讓兩側在中央對齊。

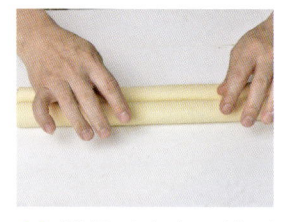

12 成兩邊對稱的長條狀。包覆好放冷凍20～30分鐘,稍冰硬較好切割。

● 切片狀

13 將麵團切成厚約0.8～1cm片狀。

● 放烤盤

14 呈間距的排放鋪好烘焙紙的烤盤上(預留間距讓酥派餅皮有足夠的膨脹空間)。

● 烘烤

15 以上下火180℃,烘烤約20～25分鐘。

16 烤至表面金黃酥脆(冷卻後撒上少許可可粉或糖粉,香氣更濃郁)。

Love Snacks 3

涮嘴對味
解嘴饞的鹹味小食

老少咸宜的零食點心，團聚時光的完美搭配，
鹹香酥脆，不論當作零嘴、下酒菜或泡茶點心都適合。
充飢解饞，補充能量，宅家外出的隨手即享良伴，
滿足心靈與口腹之欲，美味無負擔的零食新選擇。

Crispy Seaweed Snack

低卡
零食

茶點

下酒

海苔夾心脆脆

★★★★

海苔夾層裡恰到好處的調味，以及富含口感的堅果用料，呈現令人難以抗拒的酥脆口感，甜鹹交織的薄脆美味，滿足嘴饞的時刻。

01 海苔夾心脆脆

以低溫烘烤帶出杏仁堅果自然香氣,簡單調味,搭配鮮脆的海苔,
脆口鮮香、順口不膩,健康零食的好選擇。

成品數量 約25片

模型工具 --

保存期限 室溫3天

材料 Ingredients

- 海苔片…5張
- 杏仁片…100g
- 黑、白芝麻…10g
- A
  - 麥芽糖…30g
  - 細砂糖…10g
  - 水…60g
  - 醬油…5g
- 沙拉油…少許

作法 How to Make

● 煮糖漿

01 材料Ⓐ放入鍋中。

02 以小火加熱拌煮至110℃。

03 煮成濃稠的糖漿。

● 塗刷糖漿

04 海苔鋪平,塗刷薄薄一層的作法❸。

● 鋪放餡料

05 在1/2處平均的撒上黑白芝麻,另1/2撒上杏仁片。

● 覆蓋

06 海苔片對折疊合,稍按壓緊密合。

● 薄刷油

07 表層薄刷一層沙拉油(口感更加酥脆),放入鋪好烘烤紙的烤盤。

● 烘烤、剪裁

08 以上下火160℃,烘烤約10～12分鐘,中途可翻面,讓兩面烘烤均勻。剪裁成長片狀。

Love Snacks 3　涮嘴對味,解嘴饞的鹹味小食

183

02 吻仔魚海苔夾心脆脆

海味十足的脆片點心！以海苔夾層的方式，中間鋪上吻仔魚、堅果佐以特製調味料，經過低溫烘烤，香氣濃郁、層層的香酥脆，讓人停不了口的幸福滋味。

成品數量 約25片

模型工具 --

保存期限 室溫3天

材料 Ingredients

- 海苔片…5張
- 吻仔魚…10g
- 黑、白芝麻…10g
- 起司粉…10g
- A │ 麥芽糖…30g
    │ 細砂糖…10g
    │ 水…60g
    │ 醬油…5g
- 沙拉油…少許

作法 How to Make

● 煮糖漿

01 材料Ⓐ放入鍋中。

02 以小火加熱拌煮至110℃。

03 煮成濃稠的糖漿。

● 塗刷糖漿

04 海苔鋪平，塗刷薄薄一層的作法❸。

● 鋪放餡料

05 在1/2處平均的撒上黑白芝麻，另1/2撒上吻仔魚、起司粉。

● 覆蓋

06 海苔片對折疊合，稍按壓緊密合。

● 薄刷油

07 表層薄刷一層沙拉油（口感更加酥脆），放入鋪好烘烤紙的烤盤。

● 烘烤、剪裁

08 以上下火160℃，烘烤約10～12分鐘，中途可翻面，讓兩面烘烤均勻。剪裁成長片狀。

03 海苔穀物夾心脆脆

鮮脆的海苔搭配多種營養堅果,以低溫烘焙製成。內層夾著飽滿的堅果,散發濃郁香氣,脆口又不油膩。口感豐富酥脆,一吃就停不下來。

材料 Ingredients

成品數量 約25片

模型工具 --

保存期限 室溫3天

- 海苔片…5張
- 杏仁片…100g
- 南瓜子…30g
- 黑、白芝麻…10g
- A
  - 麥芽糖…30g
  - 細砂糖…10g
  - 水…60g
  - 醬油…5g
- 沙拉油…少許

作法 How to Make

煮糖漿

01 材料Ⓐ放入鍋中,以小火加熱拌煮至110℃。

02 成濃稠的糖漿。

塗刷糖漿

03 海苔鋪平,塗刷薄薄一層的作法❷。

鋪放餡料

04 在1/2處平均的撒上黑白芝麻。

05 另1/2撒上南瓜子、杏仁片。

覆蓋

06 海苔片對折疊合,稍按壓緊密合。

薄刷油

07 表層薄刷一層沙拉油(口感更加酥脆),放入鋪好烘烤紙的烤盤。

烘烤、剪裁

08 以上下火160℃,烘烤約10〜12分鐘,中途可翻面,讓兩面烘烤均勻。剪裁成長片狀。

Love Snacks 3 涮嘴對味,解嘴饞的鹹味小食

Crispy Seaweed Snack

低卡零食

茶點

下酒

韓式海苔脆片

★★★★

由白米糊與海苔完美結合的韓式風味點心！
海苔外層包裹著一層米糊層，爆脆新食感，顛覆對海苔味覺的新認知。

01 芝麻原味韓式海苔脆片

米糊包裹海苔搭配簡單的調味，酥脆爽口超級涮嘴。

材料 Ingredients

成品數量：20片
模型工具：油鍋
保存期限：室溫3天

海苔片（整張）…5片
白米糊…300g
白芝麻…10g
椒鹽粉…適量

基底 白米糊

蛋白…50g
水…300g
在來米粉…100g
蓬萊米粉…100g
鹽…1g

作法 How to Make

調製白米糊
01 蛋白先大略攪拌，加入水拌勻。

加入粉類混合
02 加入混合過篩的在來米粉、蓬萊米粉、鹽攪拌均勻。

芝麻米糊
03 白芝麻加入白米糊中混合拌勻。

沾裹芝麻米糊
04 海苔片剪成四等份，面朝下沾裹上芝麻米糊。

油炸
05 熱油鍋約160℃，將作法❹米糊面朝下，放入油鍋中，以中油溫油炸至膨脹、酥脆。

瀝油、剪對半
06 待定型撈出，剪成兩等份。

07 再回鍋稍油炸，撈出、瀝乾油分置於吸油紙上。

調味
08 撒上椒鹽粉（份量外）調味即可。

Love Snacks 3　涮嘴對味，解嘴饞的鹹味小食

02 辣味韓式海苔脆片

香辣口味，薄脆的酥香口感，嘗一口讓人欲罷不能。

成品數量
20片

模型工具
油鍋

保存期限
室溫3天

材料 Ingredients

海苔片（整張）…5片
白米糊（P.187）…300g
韓式辣椒粉…5g

作法 How to Make

● 辣味米糊

01 韓式辣味粉加入白米糊中。

02 混合拌勻。

● 沾裹辣味米糊

03 海苔片剪成四等份，面朝下沾裹上辣味米糊。

● 油炸

04 熱油鍋約160℃，將作法❸米糊面朝下，放入油鍋中，以中油溫油炸至膨脹、酥脆。

● 瀝油、剪對半

05 待定型撈出，剪成兩等份。

06 再回鍋稍油炸，撈出、瀝乾油分置於吸油紙上。

● 調味

07 撒上韓式辣味粉（份量外）調味即可。

● 成品

08 完成。

03 起司韓式海苔脆片

濃郁起司香氣，酥脆有層次的口感，集香酥脆的新食美味。

成品數量
20片

模型工具
油鍋

保存期限
室溫3天

材料 Ingredients

海苔片（整張）…5片
白米糊（P.187）…300g
起司粉…5g

作法 How to Make

● 起司米糊

01 起司粉加入白米糊中。

02 混合拌勻。

● 沾裹起司米糊

03 海苔片剪成四等份，面朝下沾裹上起司米糊。

● 油炸

04 熱油鍋約160℃，將作法❸米糊面朝下，放入油鍋中，以中油溫油炸至膨脹、酥脆。

● 瀝油、剪對半

05 待定型撈出，剪成兩等份。

06 再回鍋稍油炸，撈出、瀝乾油分置於吸油紙上。

● 調味

07 撒上起司粉（份量外）調味即可。

● 成品

08 完成。

Nuts
零食
茶點
下酒

成品數量
腰果用量

模型工具
--

保存期限
室溫 5 天

咔嗞堅果脆
★★★★

堅果脆粒外層沾裹特製的調味粉漿，經以烘焙膨化出酥脆美味的口感，酥脆、多層次香氣馥郁，讓人愛不釋手。

01 鹹蛋黃堅果脆

經低溫烘烤的腰果，沾裹粉漿讓口感更加酥脆，
品嘗簡單調味的堅果風味，可作為料理食材及能量補充。

材料 Ingredients

腰果
生腰果…300g

沾裹粉漿
蛋白…60g
低筋麵粉…30g
玉米粉…20g
奶粉…30g
鹽…少許

鹹蛋黃醬
熟鹹蛋黃…5顆
無鹽奶油…60g
糖粉…15g
奶粉…10g
鹽…2g
黑胡椒粉（或辣椒粉）
　…少許

作法 How to Make

鹹蛋黃醬

● 融化奶油 
01 奶油隔水加熱融化。

● 加入粉類混合 
02 加入壓細碎的鹹蛋黃、黑胡椒粉、糖粉、鹽攪拌均勻。 
03 加入奶粉混合拌勻。

沾裹粉漿

● 攪拌蛋白 
04 蛋白攪拌打散。

鹹蛋黃堅果

● 混合拌勻 
05 加入其他材料混合拌勻。 
06 即成粉漿。

● 烘烤腰果 
07 生腰果平鋪於烤盤，以上下160℃，烘烤10～12分鐘。 
08 烤至微金黃且帶香氣，取出備用。

Love Snacks 3　涮嘴對味，解嘴饞的鹹味小食

● 拌入鹹蛋黃醬

09 將烤好的腰果倒入鹹蛋黃醬中混合拌勻。

10 使腰果確實沾裹均勻。

● 拌入粉漿

11 再加入粉漿混合拌勻。

12 均勻的沾裹一層粉漿。

● 放烤盤

13 將作法⑫放在鋪好烘焙紙的烤盤上，攤開使其平均分布。

● 烘烤

14 以上下火160℃，烘烤15～20分鐘。

15 烤至粉漿脆化，腰果酥香。

● 脆化烘烤

16 轉向，以上下火150℃，烘烤8～10分鐘，讓調味層變得乾爽酥脆，冷卻後密封保存。

美味加映 試試這樣做！

①調製粉漿，將烤好的腰果倒入粉漿中沾裹一層粉漿。鋪放在烤盤中，以上下火160℃，烘烤15～20分鐘。

②鹹蛋黃搗壓細碎。鍋中放入奶油加熱融化，加入鹹蛋黃碎拌炒至起泡，出現細緻沙粒狀。接著加入烤好的腰果迅速翻拌均勻，使腰果均勻沾裹鹹蛋黃醬。

③再加入糖粉、奶粉、鹽拌勻或依喜好的口味撒上黑胡椒粉（或辣椒粉）拌炒均勻，盛出。

④再以上下150℃，烘烤8～10分鐘至表層微乾酥脆，冷卻後密封保存。

02 辣味起司堅果脆

酥脆腰果裹上粉漿增加口感層次，搭配辣味起司醬，
濃郁起司、鹹香脆口的滋味，讓人一口接一口。

材料 Ingredients

腰果
生腰果…300g

沾裹粉漿
沾裹粉漿（P.191）

辣味起司醬
無鹽奶油…30g
韓式辣椒粉…3g
黑胡椒粉…1g
起司粉…25g
糖粉…10～15g
奶粉…10g
鹽…2g

作法 How to Make

辣味起司醬、粉漿

● 融化奶油
01 將辣味起司醬中的奶油隔水加熱融化。

● 混合拌勻
02 加入其他材料攪拌均勻。

沾裹粉漿

● 加入粉漿混合
03 加入粉漿（製作參見P.191，作法4-6）混合拌勻。

辣味起司堅果

● 烘烤腰果
04 生腰果以上下160℃，烘烤10～12分鐘，烤至微金黃取出備用。

● 拌入辣味起司粉漿
05 將烤好的腰果倒入辣味起司粉漿中混合拌勻。

● 放烤盤
06 將作法❺放在鋪好烘烤紙的烤盤上，攤開使其平均分布。

● 烘烤
07 以上下火160℃，烘烤15～20分鐘至粉漿脆化，腰果酥香。

● 脆化烘烤
08 轉向，以上下火150℃，烘烤5～8分鐘，讓調味層變得乾爽酥脆，冷卻後密封保存。

Love Snacks 3　涮嘴對味，解嘴饞的鹹味小食

03 蒜香胡椒堅果脆

低溫烘焙製作，搭配蒜片香料，保有堅果酥脆與獨特蒜香的美味，氣味四溢，口感十足，一吃就上癮香酥脆，追劇、小酌必備。

材料 Ingredients

腰果
生腰果…300g

沾裹粉漿
沾裹粉漿 (P.191)

蒜香料
無鹽奶油…20g
香蒜酥…30g
蒜醬…5g
黑胡椒粉…2g
鹽…3g
細砂糖…5g

作法 How to Make

蒜香料、粉漿

● 融化奶油 
01 將蒜香料中的奶油隔水加熱融化。

● 混合拌勻 
02 加入其他材料攪拌均勻。

● 加入粉漿混合 
03 加入粉漿（製作參見P.191，作法4-6）混合拌勻。

蒜香胡椒堅果

● 烘烤腰果 
04 生腰果以上下160℃，烘烤10～12分鐘，烤至微金黃取出備用。

● 拌入蒜香味粉漿 
05 將烤好的腰果倒入蒜香味粉漿中混合拌勻。

● 放烤盤 
06 將作法❺放在鋪好烘焙紙的烤盤上，攤開使其平均分布。

● 烘烤 
07 以上下火160℃，烘烤15～20分鐘至粉漿脆化，腰果酥香。

● 脆化烘烤 
08 轉向，以上下火150℃，烘烤5～8分鐘，讓調味層變得乾爽酥脆，冷卻後密封保存。

Cracker

零食

茶點

下酒

Cracker 法固酥

法固酥

★★★★

法固酥以獨特的椒鹽香氣和酥脆口感為特色,其中五香粉算是核心的靈魂香料,賦予獨特的香氣風味,其他的辣椒粉、白芝麻則為法固酥帶來更富層次的風味口感。

成品數量	視大小
模型工具	油鍋
保存期限	室溫15天

材料 Ingredients

餅乾體

A
- 中筋麵粉…200g
- 糖粉…50g
- 泡打粉…4g
- 小蘇打粉…2g

水…110g
百草粉（或五香粉）…2g
白胡椒鹽…2g

＊百草粉是由多種香料混合研磨而成,具獨特、濃郁的香氣;也可以用五香粉代替。

作法 How to Make

使用工具

● 工具

01 7輪單用輪刀。

餅乾體

● 過篩粉類

02 材料Ⓐ混合過篩均勻。

03 將水、百草粉、白胡椒鹽粉混合攪拌均勻。

● 混合拌勻

04 將作法❸加入作法❷中攪拌混合均勻成團。

- 靜置鬆弛
- 擀壓
- 切片狀

05 麵團覆蓋保鮮膜靜置鬆弛20分鐘，以利後續的擀壓操作。

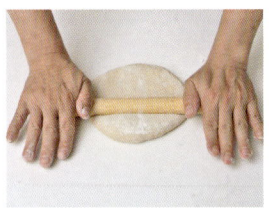

06 將麵團擀壓延展、平整。

07 擀壓至厚度約0.2～0.3cm的長片狀。

08 用針車輪在麵皮表面戳出孔洞。

- 低溫油炸

09 再裁切成3×5cm大小一致的片狀。

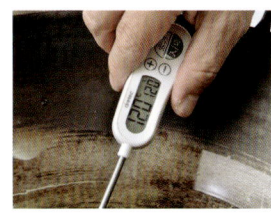

10 熱油鍋（油溫約120℃）。

11 放入作法❾的麵片。

- 高溫油炸
- 調味

12 用漏勺一邊翻動、一邊低溫油炸兩面至金黃狀態。

13 轉大火，油炸至金黃酥脆，撈出瀝除多餘的油分，放置鋪好吸油紙巾的盤皿上，待冷卻。

14 將炸好的餅乾、白胡椒鹽裝入塑膠袋。

15 充分搖晃沾勻調味料。

Cracker

零食

茶點

下酒

豆腐餅乾

★ ★ ★ ★

巧果（豆腐餅乾）是七夕節的應景的點心。
相傳源於古時候向織女「乞巧」祈求心巧手巧的習俗，取出「巧」的美好寓意而來。
流傳至今則成了尋常的點心。以豆腐、芝麻等簡單的材料製作，
完全不加水，酥香爽脆，帶有黑芝麻獨特的香氣。

成品數量
視大小

模型工具
油鍋

保存期限
室溫 15 天

材料 Ingredients

餅乾體

中筋麵粉…140g

細砂糖…30g

鹽…1g

黑芝麻…15g

全蛋…50g

板豆腐…1/2塊（約150g）

作法 How to Make

● 切塊 
01 板豆腐切成塊狀。

● 加入材料 
02 將作法❶加入其他所有材料。

● 攪拌混合 
03 攪拌混合均勻成團。

● 搓揉 
04 取出作法❸稍揉拌使其均勻成團。

● 靜置鬆弛
05 將麵團放入容器中,覆蓋上保鮮膜,靜置鬆弛1小時。

● 擀壓
06 將麵團擀壓延展、平整。

07 擀壓成厚度約0.1~0.2cm的長片狀。

● 切片狀
08 將麵團裁切成2.5×5cm大小一致的片狀。

POINT
撒點手粉撥鬆,利用篩網抖掉多餘的手粉,防止麵團沾黏一起。

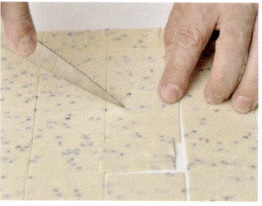

● 中間劃刀
09 在麵片中間直劃一刀(<u>兩側預留,不切斷</u>)。

10 撐開刀口處,將一側的麵皮往底部拉出。

11 即成麻花狀(也可以將兩片麵皮疊在一起,做成兩層的麻花狀)。

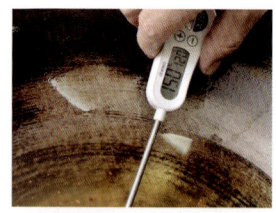

● 低溫油炸
12 熱油鍋(油溫約150~160℃)。

13 放入麵片,用漏勺一邊翻動、一邊低溫油炸兩面至轉金黃。

● 高溫油炸
14 轉大火,油炸至金黃酥脆,撈出瀝除多餘的油分,放置鋪好吸油紙巾的盤皿上,冷卻。

Cracker

零食

茶點

下酒

Cracker 菜脯餅

菜脯餅

★ ★ ★ ★

早期物資缺乏，老一輩惜物愛物，因此造就出許多的傳統風味小食，
像是將吃不完的菜脯結合麵粉，酥炸做成點心，流傳至今則成了鹹餅乾之最。
不僅菜脯餅，更延伸出芋仔餅、冬筍餅、山藥餅、牛蒡餅等台灣傳統風味的餅乾。

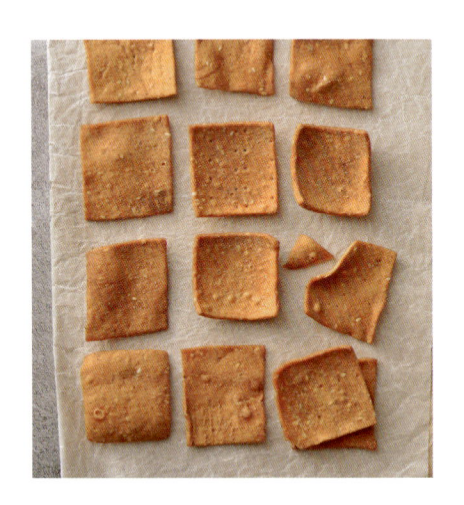

成品數量
視大小

模型工具
油鍋

保存期限
室溫15天

材料 Ingredients

餅乾體

A ｜ 中筋麵粉…200g
　｜ 糖粉…50g
　｜ 泡打粉…4g
　｜ 小蘇打粉…2g

水…90g
蘿蔔乾（菜脯）…30g
白芝麻…10g
白胡椒鹽…2g

調味

椒鹽粉…2g

作法 How to Make

● 菜脯打汁

01 將水、蘿蔔乾用調理機打攪打細碎。

02 完成菜脯汁。

● 過篩粉類

03 將材料Ⓐ混合過篩，加入白芝麻、白胡椒鹽。

● 攪拌混合

04 再加入作法❷，用槳狀攪拌器攪拌。

● 靜置鬆弛 　　　　　　　　　　　　　　　● 擀壓

05 攪拌混合均勻成團。

06 取出麵團揉拌均勻成團。

07 用保鮮膜覆蓋靜置鬆弛20分鐘，以利後續的擀壓操作。

08 用擀麵棍將麵團擀壓延展、平整。

● 切片狀 　　　　　　　　　　　　　　　　● 低溫油炸

09 擀壓至厚度約0.2～0.3cm的長片狀。

10 將麵皮裁切成5×5cm（或3×3cm）大小一致的片狀。

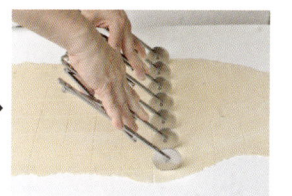

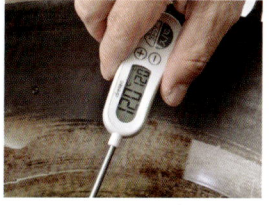

11 熱油鍋（油溫約120℃）。

● 高溫油炸 　　　● 調味

12 放入麵片，用漏勺一邊翻動、一邊低溫油炸兩面至金黃狀態。

13 轉大火，油炸至金黃酥脆，撈出瀝除多餘的油分，放置鋪好吸油紙巾的盤皿上，冷卻。

14 將炸好的餅乾、椒鹽粉裝入塑膠袋。

15 充分搖晃沾勻調味料。

Love Snacks 3　涮嘴對味，解嘴饞的鹹味小食

203

Cracker

零食

茶點

下酒

小耳朵餅

★★★★

因外觀雙色螺旋外型，又有螺旋餅、豬耳朵、錦花餅等之稱。
香脆口感中帶有芝麻的香氣，愈嚼愈香甜。

成品數量
1 捲量

模型工具
油鍋

保存期限
室溫 15 天

材料 Ingredients

原味麵團

細砂糖…20g
水…70g
中筋麵粉…150g
奶粉…10g
無鹽奶油…10g

黑糖麵團

黑糖…25g
水…70g
中筋麵粉…150g
奶粉…10g
無鹽奶油…10g

Love Snacks 3　涮嘴對味，解嘴饞的鹹味小食

作法 How to Make

原味麵團

● 糖水

01 細砂糖、水攪拌溶解均勻即可。

● 攪拌混合

02 中筋麵粉、奶粉混合過篩，加入作法 ❶，用槳狀攪拌器攪拌。

03 攪拌混合均勻至無粉粒。

● 加入奶油

04 加入奶油。

黑糖麵團

05 攪拌均勻至完全融合。

● 靜置鬆弛 
06 取出揉拌均勻成團,用保鮮膜覆蓋,靜置鬆弛20分鐘。

● 黑糖水 
07 黑糖、水攪拌溶解均勻,做成黑糖水。

● 攪拌混合 
08 中筋麵粉、奶粉混合過篩,加入作法❼。

09 攪拌混合均勻至無粉粒。

● 加入奶油 
10 加入奶油攪拌均勻至完全融合。

11 取出揉拌均勻成團,再用保鮮膜覆蓋,靜置鬆弛20分鐘。

● 完成麵團 
12 完成原味、黑糖兩種麵團。

● 擀壓原味麵團 
13 將原味麵團擀壓延展。

14 將原味麵團擀壓成厚度約0.2～0.3cm的長片狀。

● 擀壓黑糖麵團 
15 將黑糖麵團擀壓延展。

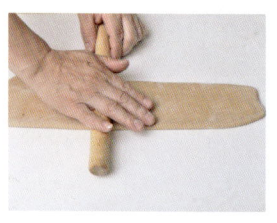

16 黑糖麵團擀壓成厚度約0.2～0.3cm的長片狀(兩種麵皮尺寸相同)。

● 整型

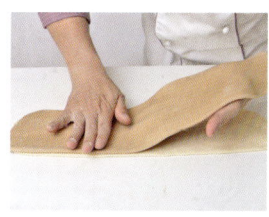

17 原味麵皮為底，表面塗刷上少許水。

18 疊放上黑糖麵皮。

● 捲圓柱狀

19 表面再塗刷少許水。

20 從長側朝同方向捲起。

21 順勢捲起至底，收合口朝下。

22 成直徑3～4cm的雙色圓柱狀。

● 包覆冷凍

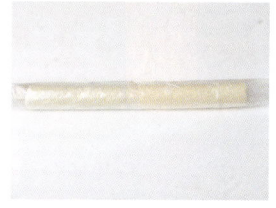

23 用保鮮膜包覆好，冷凍約1～2小時至變硬，以利操作。

● 切圓片

24 裁切成厚度約0.2cm圓片狀。

● 低溫油炸

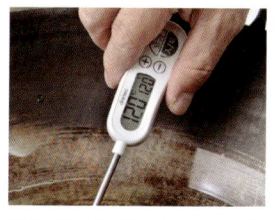

25 熱油鍋（油溫約150～160℃）。

26 放入麵片，用漏勺一邊翻動、一邊低溫油炸兩面至轉金黃。

● 高溫油炸

27 轉大火，油炸至金黃酥脆，撈出瀝除多餘的油分，放置鋪好吸油紙巾的盤皿上，冷卻。

● 成品

28 完成。

Cracker

零食

茶點

下酒

鹽烤胡椒蘇打餅

★ ★ ★ ★

經以擀壓折疊呈現出酥脆輕薄的口感，佐以黑胡椒鹽、粗海鹽增添風味層次，口感更升級。品嘗瞬間，黑胡椒微辣滋味蔓延，縈繞口中，讓人意猶未盡。

材料 Ingredients

餅乾體

A｜中筋麵粉…200g
　｜細鹽…3g
　｜細砂糖…5g
　｜小蘇打粉…3g
乾性酵母…1g
水…80g
橄欖油…10g

調味 胡椒鹽

粗海鹽…5g
黑胡椒粉…3g
蒜粉…3g

成品數量
視大小

模型工具
蘇打餅乾模

保存期限
室溫15天

Love Snacks 3　涮嘴對味，解嘴饞的鹹味小食

作法 How to Make

使用模型

● 模型 
01 蘇打餅乾模。

餅乾體

● 過篩粉類 
02 材料Ⓐ混合過篩均勻。

● 融解酵母 
03 酵母加水融解均勻。

● 攪拌混合 
04 將所有材料，用槳狀攪拌器攪拌混合均勻。

● 靜置鬆弛 ● 擀壓

05 使油脂包裹麵粉，形成細小砂粒狀。

06 用手輕輕搓揉成團。

07 用保鮮膜覆蓋，靜置鬆弛15～20分鐘，以利後續的擀壓操作。

08 用擀麵棍將麵團擀壓延展開。

● 裁切整型 ● 薄刷水

09 擀壓至厚約0.2～0.3cm，確保口感脆度。

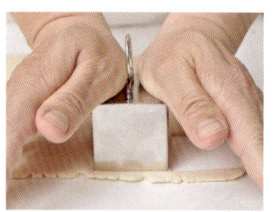

10 用餅乾模型（或用滾輪刀）壓切出5×5cm方片狀。

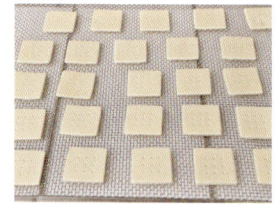

11 呈間距放在網狀烤盤上（用叉子或針車輪在表面均勻戳孔洞，能使烘烤時受熱均勻）。

12 表面塗刷上水（或蛋白），幫助調味料的附著。

● 烘烤 ● 刷奶油 ● 調味／胡椒鹽 ● 撒上胡椒鹽

13 以上下火180℃，烘烤約12～15分鐘至表面金黃酥脆。

14 趁熱薄刷一層融化奶油（約30g，份量外），增加香氣與酥脆度。冷卻後的餅乾會更酥脆。

15 將所有調味材料混合均勻。

16 表面均勻的撒上作法❶❺的胡椒鹽。

Cracker

零食

茶點

下酒

Cracker
椒麻蘇打餅

椒麻蘇打餅

★ ★ ★ ★

酥脆的餅乾體，再以調配的椒麻鹽提升風味，咀嚼中可以充分感受酥香鹹脆，最後撒上的椒麻鹽，微辣的鹹香風味在口中猶存。

成品數量
視大小

模型工具
針車輪、滾輪刀

保存期限
室溫15天

材料 Ingredients

餅乾體

A ｜ 中筋麵粉…200g
　 ｜ 細鹽…3g
　 ｜ 細砂糖…5g
　 ｜ 小蘇打粉…3g
乾性酵母…1g
水…80g
橄欖油…10g

調味 椒麻鹽

花椒粉…2g
白胡椒粉…2g
海鹽…3g

作法 How to Make

● 過篩粉類 
01 材料Ⓐ混合過篩均勻。

● 融解酵母 
02 酵母加水融解均勻。

● 攪拌混合 
03 將所有材料攪拌混合均勻。

04 使油脂包裹麵粉，形成細小砂粒狀。

● 靜置鬆弛

05 搓揉成團。用保鮮膜覆蓋,靜置鬆弛15~20分鐘,以利後續的擀壓操作。

● 擀壓

06 將麵團擀壓延展。

07 擀壓至厚約0.2~0.3cm,確保口感脆度。

● 戳孔洞

08 用叉子(或針車輪)在表面均勻戳孔洞,讓烘烤時受熱均勻。

● 裁切整型

09 用波浪狀滾輪刀,將麵皮裁切成7.5×7.5cm長方片狀。

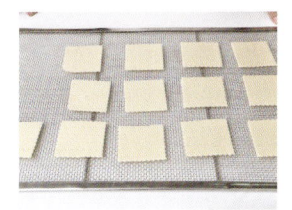

10 呈間距放在網狀烤盤上。

● 薄刷水

11 表面塗刷上水(或蛋白),幫助調味料的附著。

● 烘烤

12 以上下火180℃,烘烤約12~15分鐘。

13 烤至表面金黃酥脆。

● 刷奶油

14 趁熱薄刷一層融化奶油(約30g,份量外),增加香氣與酥脆度。冷卻後的餅乾會變得更酥脆。

● 調味／椒麻鹽

15 將所有調味材料混合均勻。

● 撒上椒麻鹽

16 表面均勻的撒上椒麻鹽。

Cracker

零食

茶點

下酒

香辣起司餅

★ ★ ★ ★

以起司風味麵團為基底，結合雙重的起司粉、紅椒粉，滋味飽滿豐厚；
濃郁微辛的口感層次，喜愛鹹香口味的你絕對不能錯過。

材料 Ingredients

成品數量
視大小

模型工具
圓形餅乾切模

保存期限
室溫15天

餅乾體

A:
- 中筋麵粉…200g
- 細鹽…3g
- 細砂糖…5g
- 小蘇打粉…3g
- 起司粉…5g

乾性酵母…1g
水…80g
橄欖油…10g

調味 香辣起司

- 切達起司粉…10g
- 帕瑪森起司粉…5g
- 紅椒粉…1g
- 海鹽…3g

作法 How to Make

使用模型

● 模型
01 圓形餅乾切模。

餅乾體

● 融解酵母
02 酵母加水融解均勻。

● 過篩粉類
03 將材料Ⓐ混合過篩均勻，加入其他所有材料。

● 攪拌混合
04 用槳狀攪拌器攪拌混合均勻，使油脂包裹麵粉，形成細小砂粒狀。

Love Snacks 3　涮嘴對味，解嘴饞的鹹味小食

215

● 靜置鬆弛

05 用手輕輕搓揉成團。

06 用保鮮膜覆蓋，靜置鬆弛15～20分鐘，以利後續的壓操作。

● 擀壓

07 將麵團擀壓延展。

08 擀壓至厚約0.2～0.3cm，確保口感脆度。

● 裁切整型

09 用圓形餅乾切模，壓塑出圓形片狀。

10 呈間距放在網狀烤盤上。

● 烘烤

11 以上下火180℃，烘烤約12～15分鐘。

12 烤至表面金黃酥脆。

● 刷奶油

13 趁熱薄刷一層融化奶油（約30g，份量外），增加香氣與酥脆度。冷卻後餅乾會更酥脆。

● 調味／香辣起司

14 將所有調味材料混合均勻。

● 撒上香辣起司

15 表面均勻的撒上香辣起司。

● 完成

16 成品。

Cracker
零食
茶點
下酒

Cracker
海苔鹽迷你蘇打餅

海苔鹽迷你蘇打餅

★ ★ ★ ★

經典海苔口味香脆無法擋！麵團中加入海苔粉、白芝麻提升風味，
表面再融以獨到的海苔鹽調味，香脆好吃，美味不掉屑。

材料 Ingredients

成品數量
30個

模型工具
葉形壓模

保存期限
室溫15天

餅乾體

A
- 中筋麵粉…200g
- 細鹽…3g
- 細砂糖…5g
- 小蘇打粉…3g

乾性酵母…1g
水…80g
海苔粉…2g
白芝麻…5g
橄欖油…10g

調味 海苔鹽
海苔粉…2g
海鹽…3g

作法 How to Make

使用模型

● 模型 
01 葉形壓模。

餅乾體

● 融解酵母 
02 酵母加水融解均勻。

● 過篩粉類 
03 材料Ⓐ混合過篩，加入作法❷及其他所有材料。

● 攪拌混合 
04 將所有材料攪拌混合均勻，使油脂包裹麵粉，形成細小砂粒狀。

● 靜置鬆弛

05 用手輕輕搓揉成團。

06 用保鮮膜覆蓋,靜置鬆弛15～20分鐘,以利後續的擀壓操作。

● 擀壓

07 將麵團擀壓延展。

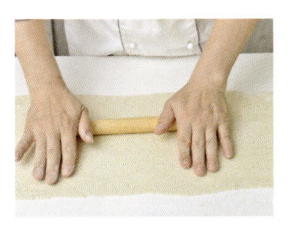

08 擀壓至厚約0.2～0.3cm,確保口感脆度。

● 裁切整型

09 用葉形壓模,將麵皮壓塑出葉片造型。

10 呈間距放在網狀烤盤上。

● 烘烤

11 以上下火180℃,烘烤約12～15分鐘。

12 烤至表面金黃酥脆。

● 刷奶油

13 趁熱薄刷一層融化奶油(約30g,份量外),增加香氣與酥脆度,冷卻後的餅乾會變得更加酥脆。

● 調味／海苔鹽

14 將所有調味材料混合均勻。

● 撒上海苔鹽

15 表面均勻的撒上海苔鹽。

● 成品

16 完成。

Cracker

零食

茶點

下酒

蔬菜鹹香脆餅

★ ★ ★ ★

麵團中加入菠菜泥，以及蔬菜粉調味，保留蔬菜清甜的自然風味，
看得到也吃得到天然蔬菜風味，鹹香酥脆、滋味豐富。

材料 Ingredients

成品數量
視大小

模型工具
波浪狀滾輪刀

保存期限
室溫15天

餅乾體

A
- 中筋麵粉…200g
- 泡打粉…2g
- 小蘇打粉…2g
- 鹽…2g
- 蒜粉…2g
- 乾燥蔥粉…3g
- 橄欖油…10g
- 菠菜泥…80g

作法 How to Make

● 蔬菜泥
01 菠菜洗淨，汆燙軟化，用調理機打成蔬菜汁。過篩，使質地均勻細緻。也可以使用菠菜粉5g、溫水100g混合調勻來代替菠菜泥。

● 混合材料
02 材料Ⓐ混合過篩均勻，加入其他所有材料。

● 攪拌混合
03 將所有材料攪拌混合均勻，使油脂包裹麵粉，形成細小砂粒狀。

● 靜置鬆弛
04 用手輕輕搓揉成團（在攪拌麵團的過程中，若太乾，可加入適量的溫水調整軟硬度，至不黏手的狀態）。

05 用保鮮膜覆蓋，靜置鬆弛15～20分鐘，以利後續的擀壓操作。

● 擀壓
06 將麵團擀壓延展。

07 擀壓至厚約0.2～0.3cm，確保口感脆度。

● 裁切整型
08 用波浪狀滾輪刀，將麵皮裁切成3×3cm方片狀。

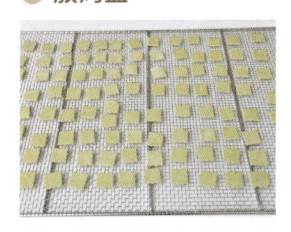

● 放烤盤
09 呈間距放在網狀烤盤上。

● 烘烤
10 以上下火180℃，烘烤約12～15分鐘。

11 烤至表面金黃酥脆。

● 完成
12 冷卻後的餅乾會變硬，此時的口感脆度最好。

Love Snacks 3　涮嘴對味，解嘴饞的鹹味小食

Granola Bar

纖食零食

茶點

下酒

海苔風味穀物棒

★ ★ ★ ★

以五穀、雜糧搭配切碎的果乾，製作成高纖且口感醇厚的風味餅乾，
高纖低脂、具飽足感，解饞、補充能量不怕胖！

材料 Ingredients

成品數量
視大小

模型工具
烤盤（整型用）

保存期限
室溫7天

A
- 燕麥片…120g
- 果乾（切碎）…80g
- 葵瓜子…20g
- 南瓜子…30g
- 黑白芝麻…10g
- 海苔碎片…10g
- 鹽…2g

B
- 蜂蜜…80g
- 花生醬…80g
- 無鹽奶油…30g

作法 How to Make

● 混合材料
01 將所有材料Ⓐ混合均勻。

● 加熱材料
02 將奶油加入其他材料Ⓑ。

03 加熱拌勻至融化。

● 混合攪拌
04 將作法❸加入作法❶。

05 用橡皮刮刀攪拌混合均勻。

● 壓平整型
06 將拌勻的作法❺倒入鋪好烘焙紙的烤盤中，迅速按壓平整、緊密。

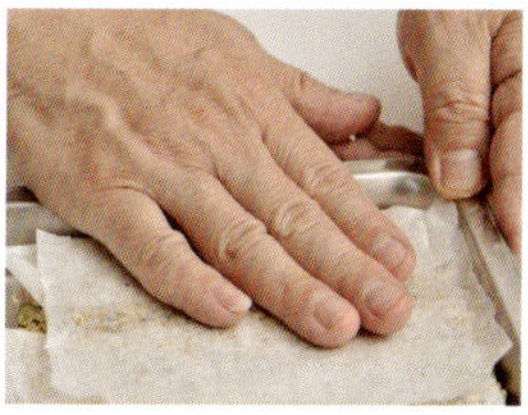

POINT
將材料放入烤盤中整型時，一定要壓緊實，這樣切割時才不容易斷碎。

● 切長條
07 將作法❻裁切成2×10cm的長條狀。

● 放烤盤
08 呈間距排放在烤好烘焙紙的烤盤上。

● 烘烤
09 以上下火170℃，烘烤約15～20分鐘。

10 烤至金黃酥脆。

● 成品
11 完成。

Love Snacks 3　涮嘴對味，解嘴饞的鹹味小食

223

Granola Bar

纖食零食

茶點

下酒

起司風味穀物棒

★ ★ ★ ★

高纖食材添加香濃的起司粉，做成寬條造型方便食用不掉屑，很適合日常輕食點心，好吃又養生，健康無負擔。

成品數量
視大小

模型工具
烤盤（整型用）

保存期限
室溫7天

材料 Ingredients

A
- 燕麥片…120g
- 果乾（切碎）…60g
- 葵瓜子…20g
- 南瓜子…30g
- 黑白芝麻…10g
- 帕瑪森起司粉…40g
- 切達起司絲…60g
- 義式香料…2g
- 鹽…2g

B
- 全蛋…50g
- 融化奶油…30g
- 牛奶…50g

作法 How to Make

● 混合材料

01 將所有材料Ⓐ混合均勻。

● 加熱材料

02 將材料Ⓑ放入鋼盆裡。

03 加熱拌煮至融化均勻。

> **POINT**
> 以隔水加熱的方式來融化奶油，較不會有加熱過度過焦的情形。

● 混合攪拌

04 將作法❸加入作法❶中混合拌勻。

● 壓平整型

05 將拌勻的作法❹倒入鋪好烘焙紙的烤盤中，迅速按壓平整、緊密。

● 切長條

06 將作法❺裁切成2×10cm的長條狀。

● 放烤盤

07 呈間距排放在烤好烘焙紙的烤盤上。

● 烘烤

08 以上下火175℃，烘烤約18～22分鐘。

09 烤至金黃酥脆。

● 成品

10 完成。

Cracker

零食

茶點

下酒

	成品數量
	視大小

	模型工具
	擠花袋、圓形花嘴

	保存期限
	室溫 15 天

風味起司棒

★ ★ ★ ★

香、酥、濃的起司脆脆棒！濃郁不膩口的起司，展現鹹甜風味的豐富層次，一口咬下，鹹香滋味與香氣交織，讓人越吃越涮嘴，大人小孩都適合零食點心首選。

01 帕瑪森起司棒

濃郁起司香氣,酥脆的口感,讓人忍不住一支接著一支;
鹹香脆口也很適合小酌,享受輕奢華的美味。

材料 Ingredients

餅乾體

中筋麵粉…100g
帕瑪森起司粉…80g
泡打粉…2g
無鹽奶油(冷藏切小塊)…50g
全蛋…50g
牛奶…10g
黑胡椒…3g
鹽…2g

作法 How to Make

攪拌混合

01 將所有材料混合。

02 攪拌均勻至無粉粒。

POINT 麵糊若太硬可斟酌添加牛奶來調整軟硬度。

靜置鬆弛

03 麵糊覆蓋上保鮮膜,冷藏鬆弛30分鐘。

擠花塑型

04 將麵糊裝入擠花袋,在鋪好烘焙紙的烤盤上,擠上粗細大小一致的長條棒狀(約20cm)。

修整

05 用刮板將兩側的麵糊切齊平整,成長棒狀。

烘烤

06 以上下火180℃,烘烤約15～18分鐘至金黃酥脆。

成品

07 完成。

Love Snacks 3　涮嘴對味,解嘴饞的鹹味小食

02 蔬活起司棒

滿滿蔬果能量的餅乾棒,鹹香不膩口,每一口都吃到濃郁起司與蔬果香料的好滋味;忙碌後的片刻休息、任何時刻補充能量的好選擇。

材料 Ingredients

餅乾體

中筋麵粉⋯100g
帕瑪森起司粉⋯50g
泡打粉⋯2g
無鹽奶油(冷藏切小塊)⋯50g
全蛋⋯50g
牛奶⋯10g
南瓜泥(蒸熟壓泥)⋯30g
乾燥番茄丁⋯30g
鹽⋯3g
義式香料⋯2g

作法 How to Make

攪拌混合

01 將所有材料混合。

02 攪拌均勻至無粉粒。

靜置鬆弛

03 麵糊覆蓋上保鮮膜,冷藏鬆弛30分鐘。

擠花塑型

04 將麵糊裝入擠花袋,在鋪好烘焙紙的烤盤上,擠上粗細大小一致的長條棒狀(約20cm)。

修整

05 用刮板將兩側的麵糊切齊平整。

06 整型成長棒狀。

烘烤

07 以上下火180℃,烘烤約15〜18分鐘。

08 烤至金黃酥脆。

03 香脆海苔起司棒

溫和濃郁起司香氣,加上海苔、芝麻,讓美味更升級。
鹹香、酥脆不膩口,會讓人不知不覺一口接著一口。

材料 Ingredients

餅乾體

中筋麵粉…100g
帕瑪森起司粉…20g
泡打粉…2g
無鹽奶油(冷藏切小塊)…50g
全蛋…50g
牛奶…10g
海苔粉…10g
鹽…2g
黑白芝麻…10g
米香、糙米脆片碎…20g

作法 How to Make

● 攪拌混合

01 將所有材料混合。

02 攪拌均勻至無粉粒。

● 靜置鬆弛

03 麵糊覆蓋上保鮮膜,冷藏鬆弛30分鐘。

● 擠花塑型

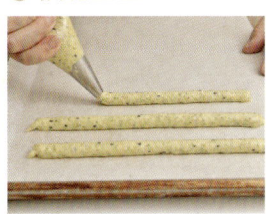

04 麵糊裝入擠花袋,在鋪好烘焙紙的烤盤上,擠上粗細大小一致的長條棒狀(約20cm)。

● 修整

05 用刮板將兩側的麵糊切齊平整。

06 整型成長棒狀。

● 烘烤

07 以上下火180℃,烘烤約15～18分鐘。

08 烤至金黃酥脆。

Love Snacks 3 涮嘴對味,解嘴饞的鹹味小食

229

Rice Cracker

零食

茶點

下酒

伴手禮

肉鬆堅果米花磚

★★★★

香脆的米果混合肉鬆的鹹香，加上芝麻的堅果香氣，融合古法爆米香的創新，鹹鹹甜甜滋味剛剛好，好友相聚最適合的零食小點。

成品數量
視大小

模型工具
直徑7cm圓形模框

保存期限
室溫10天

材料 Ingredients

米果

米果…100g
黑芝麻…20g
白芝麻…20g
A ｜ 麥芽糖…60g
  ｜ 細砂糖…30g
  ｜ 水…30g
無鹽奶油…15g
肉鬆…10g

表面用

海苔片

Love Snacks 3　涮嘴對味，解嘴饞的鹹味小食

作法 How to Make

使用模型　米果糖團

● 模型 
01 直徑7cm圓形模框。

● 米果保溫 
02 將米果放入烤箱保溫（讓拌合的材料維持一定的溫度，在拌合、塑型時會較好操作）。

● 炒香芝麻 
03 黑、白芝麻用乾鍋，以小火炒至膨脹、溢出香氣，備用（或用烤箱150℃烘烤）。

● 煮糖漿 
04 材料Ⓐ放入鍋中，以小火加熱至糖溶化。

● 加入奶油　　　● 混合拌勻　　　● 拌合米果

05 加入奶油持續加熱，拌煮至融合。

06 用橡皮刮刀舀起糖漿，滴落時會呈現線條狀（約120～125℃），熄火。

07 將作法❻加入米果中。

08 再加入黑白芝麻。

● 沾裹均勻　　　● 加入肉鬆　　　● 壓模塑型

09 用橡皮刮刀迅速的混合均勻，使米果均勻的裹上糖漿。

10 加入肉鬆迅速翻拌混合（拌合時的動作要快，一旦降溫就很難融合均勻而且不好塑型）。

11 將作法❿放入圓形模框中。

12 輕壓平整塑型，待定型。

● 包覆海苔　　　　　　　　　● 乾鍋烘乾

13 脫除模框。

14 海苔裁成長條狀，噴上少許水，包覆米果的底部成型。

15 海苔裁成長條狀，噴上少許水，包覆米果的底部成型。

16 放入乾鍋中，稍加熱烘乾海苔片定型。

Rice Cracker

零食

茶點

下酒

伴手禮

Rice Cracker
芝麻堅果米花磚

芝麻堅果米花磚

★★★★

米果和堅果原有的滋味、甜味、香氣形成絕美的搭配。
膨鬆、鹹香脆的口感，一口咬下能感受到無比的滿足感，讓人熟悉親切的好滋味。

成品數量
視大小

模型工具
直徑7cm圓形模框

保存期限
室溫10天

材料 Ingredients

米果

米果…100g
黑芝麻…20g
白芝麻…20g

A ｜ 麥芽糖…60g
　｜ 細砂糖…30g
　｜ 水…30g

無鹽奶油…15g

表面用

海苔片

作法 How to Make

使用模型

● 模型

01 直徑7cm圓形模框。

米果糖團

● 米果保溫

02 將米果放入烤箱保溫（**讓拌合的材料維持一定的溫度，在拌合、塑型時會較好操作**）。

● 炒香芝麻

03 黑、白芝麻用乾鍋，以小火炒至膨脹、溢出香氣，備用（或用烤箱150℃烘烤）。

● 煮糖漿

04 材料Ⓐ放入鍋中，以小火加熱至糖溶化。

● 加入奶油
05 加入奶油持續加熱，拌煮至融合。

● 混合拌勻
06 用橡皮刮刀舀起糖漿，滴落時會呈現線條狀（約120～125℃），熄火。

● 拌合米果
07 將作法❻加入米果中，再加入黑白芝麻。

> **POINT**
> **判斷可塑型的狀態**：將米果糖團往上翻動時，如果會慢慢往下滑動，即表示已降溫；反之若是快速的往下滑動，即表示還在高溫狀態。

● 沾裹均勻
08 用橡皮刮刀迅速的混合均勻。

09 使米果均勻的沾裹上糖漿（拌合時的動作要快，一旦降溫就很難融合均勻而且不好塑型）。

● 壓模塑型
10 將作法❾放入圓形模框中。

11 輕輕壓平整塑型，脫模（拌好的米果糖團，揉成圓球狀，或填入造型模框中壓平塑型，就能創意變化出各種形狀）。

● 包覆海苔
12 海苔裁成片狀，噴上少許水。

13 包覆米果的底部。

14 包折成型。

● 乾鍋烘乾
15 放入乾鍋中，稍加熱烘乾海苔片定型。

Love Snacks 3　涮嘴對味，解嘴饞的鹹味小食

國家圖書館出版品預行編目（CIP）資料

小食光！在地好味的零食點心：懷舊經典╳新奇潮味╳解嘴饞小食，忍不住就想做來吃的好滋味！送禮自用、網路接單都OK，78款絕讚實用的高人氣零食名物選／林宥君著.-- 初版.--臺北市：日日幸福事業有限公司出版：聯合發行股份有限公司發行，2025.07

　　面；　公分.--（廚房 Kitchen；156）

　　ISBN 978-626-7414-54-5（平裝）

　　1. CST：點心食譜

427.16　　　　　　　　　　　　　　114008245

廚房 Kitchen 0156

小食光！在地好味的零食點心

懷舊經典╳新奇潮味╳解嘴饞小食，忍不住就想做來吃的好滋味！
送禮自用、網路接單都OK，78款絕讚實用的高人氣零食名物選

作　　　者：林宥君
總　編　輯：鄭淑娟
行銷主任：邱秀珊
企劃主編：蘇雅一
美術設計：陳育彤
封面設計：陳姿妤
攝　　　影：周禎和

出　版　者：日日幸福事業有限公司
電　　　話：（02）2368-2956
傳　　　真：（02）2368-1069
地　　　址：106台北市和平東路一段10號12樓之1
郵撥帳號：50263812
戶　　　名：日日幸福事業有限公司
法律顧問：王至德律師
電　　　話：（02）2341-5833

發　　　行：聯合發行股份有限公司
電　　　話：（02）2917-8022
印　　　刷：中茂分色印刷股份有限公司
電　　　話：（02）2225-2627
初版一刷：2025年7月
定　　　價：599元

版權所有　翻印必究
※本書如有缺頁、破損、裝訂錯誤，請寄回本公司更換

樂廚烹飪教室
Fun Class Cooking

民以食為天，所以有樂廚

為健康飲食把關　共渡食安危機
國家認證高ＣＰ值證照取得
餐飲相關證照　有證就有照（罩）
一技之長增加就業機會
爭取職場升遷　創業技能

考照率99%
考場規格場地設備
專業師資協助學員完成目標
場地租借

精緻好禮大相送，都在日日幸福！

只要填好讀者回函卡寄回本公司（直接投郵），您就有機會獲得以下各項大獎。

獎項內容

1
【CHIMEI 奇美】32L旋風電烤箱 EV-32C0SK
市價2488元／1名

2
樂扣樂扣極致享受SOMA 深炒鍋 / 28CM，LHMH1285IH
市價1599元／6名

3
大同多功能調理攪拌棒 TKM20E
市價1490元／2名

4
大同隨行杯果汁機TJC-P300B
市價1290元／2名

參加辦法

只要購買《小食光！在地好味的零食點心》，填妥書裡「讀者回函卡」（免貼郵票）於2025年10月20日（郵戳為憑）寄回【日日幸福】，本公司將抽出以上幸運獲獎的讀者，得獎名單將於2025年11月5日公佈在：

日日幸福臉書粉絲團：https://www.facebook.com/happinessalwaystw

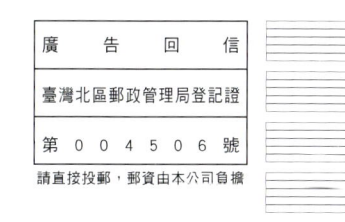

廣告回信
臺灣北區郵政管理局登記證
第 0 0 4 5 0 6 號
請直接投郵，郵資由本公司負擔

10643
台北市大安區和平東路一段10號12樓之1
日日幸福事業有限公司　收

請沿虛線剪下，黏貼好後，直接投入郵筒寄回

讀者回函卡

感謝您購買本公司出版的書籍,您的建議就是本公司前進的原動力。請撥冗填寫此卡,我們將不定期提供您最新的出版訊息與優惠活動。

▶

姓名:＿＿＿＿＿＿＿　**性別**:□男　□女　**出生年月日**:民國＿＿年＿＿月＿＿日
E-mail:＿＿＿＿＿＿＿＿＿＿＿＿＿＿＿＿＿＿＿
地址:□□□□＿＿＿＿＿＿＿＿＿＿
電話:＿＿＿＿＿＿＿　**手機**:＿＿＿＿＿＿＿　**傳真**:＿＿＿＿＿＿＿
職業:　□學生　　　　　□生產、製造　　□金融、商業　　□傳播、廣告
　　　　　□軍人、公務　　□教育、文化　　□旅遊、運輸　　□醫療、保健
　　　　　□仲介、服務　　□自由、家管　　□其他

▶

1. 您如何購買本書?□一般書店(　　書店)　□網路書店(　　書店)
　　□大賣場或量販店(　　)　□郵購　□其他
2. 您從何處知道本書?□一般書店(　　書店)　□網路書店(　　書店)
　　□大賣場或量販店(　　)　□報章雜誌　□廣播電視
　　□作者部落格或臉書　□朋友推薦　□其他
3. 您通常以何種方式購書(可複選)?□逛書店　□逛大賣場或量販店　□網路　□郵購
　　□信用卡傳真　□其他
4. 您購買本書的原因?　□喜歡作者　□對內容感興趣　□工作需要　□其他
5. 您對本書的內容?　□非常滿意　□滿意　□尚可　□待改進＿＿＿＿＿＿
6. 您對本書的版面編排?　□非常滿意　□滿意　□尚可　□待改進＿＿＿＿＿
7. 您對本書的印刷?　□非常滿意　□滿意　□尚可　□待改進＿＿＿＿＿＿
8. 您對本書的定價?　□非常滿意　□滿意　□尚可　□太貴
9. 您的閱讀習慣:(可複選)　□生活風格　□休閒旅遊　□健康醫療　□美容造型　□兩性
　　□文史哲　□藝術設計　□百科　□圖鑑　□其他
10. 您是否願意加入日日幸福的臉書(Facebook)?　□願意　□不願意　□沒有臉書
11. 您對本書或本公司的建議:＿＿＿＿＿＿＿＿＿＿＿＿＿＿＿＿＿＿
＿＿＿＿＿＿＿＿＿＿＿＿＿＿＿＿＿＿＿＿＿＿＿＿＿＿＿＿＿＿
＿＿＿＿＿＿＿＿＿＿＿＿＿＿＿＿＿＿＿＿＿＿＿＿＿＿＿＿＿＿
＿＿＿＿＿＿＿＿＿＿＿＿＿＿＿＿＿＿＿＿＿＿＿＿＿＿＿＿＿＿

註:本讀者回函卡傳真與影印皆無效,資料未填完整即喪失抽獎資格。